U0288383

Global Environmental Policy Study
全球环境政策研究

陈亮 / 主编

2016

中国环境出版社·北京

图书在版编目（CIP）数据

全球环境政策研究. 2016/陈亮主编. —北京：中国环境出版社，2017.4

ISBN 978-7-5111-3140-9

Ⅰ．①全…　Ⅱ．①陈…　Ⅲ．①环境政策—研究—世界—2016　Ⅳ．①X-01

中国版本图书馆 CIP 数据核字（2017）第 072091 号

出 版 人	王新程	
责任编辑	孔 锦	
责任校对	尹 芳	
封面设计	岳 帅	

更多信息，请关注
中国环境出版社
第一分社

出版发行　中国环境出版社
　　　　　（100062　北京市东城区广渠门内大街 16 号）
　　　　　网　　　址：http://www.cesp.com.cn
　　　　　电子邮箱：bjgl@cesp.com.cn
　　　　　联系电话：010-67112765（编辑管理部）
　　　　　　　　　　010-67112735（第一分社）
　　　　　发行热线：010-67125803，010-67113405（传真）
印　　刷　北京联华印刷厂
经　　销　各地新华书店
版　　次　2017 年 4 月第 1 版
印　　次　2017 年 4 月第 1 次印刷
开　　本　787×1092　1/16
印　　张　12.5
字　　数　210 千字
定　　价　59.00 元

本书编写组

主　　编：陈　亮

执行主编：余立风　方　莉　肖学智　翟桂英　石效卷

副 主 编：李宏涛

编　　委：孙　慧　武　美　李　劼　王　勇　唐艳冬

王开祥　王　新　孙阳昭　杨礼荣　程天金

朱留财　陈海君　陈　明　赵爱红　董　仲

李海英　熊　康

各章编者：第一章：李宏涛　杜　譞

第二章：温源远　李宏涛

第三章：杜　譞　裴一林

第四章：杨晓华　张志丹

第五章：周　波　温源远

序

　　党的十八大以来，以习近平同志为核心的党中央统筹推进"五位一体"总体布局和协调推进"四个全面"战略布局，对生态文明建设和环境保护做出一系列重大决策部署，推动生态环境保护从认识到实践发生了历史性、根本性、全局性变化，构建人与自然和谐发展的现代化建设新格局取得积极进展，我国生态文明建设展现出旺盛生机和光明前景。

　　生态文明是人类社会进步的重大成果，是实现人与自然和谐发展的必然要求。近年来，习近平总书记以宽广的全球视野、深厚的民生情怀、强烈的使命担当，多次对生态文明建设和环境保护做出重要指示，有关重要讲话、论述、批示达200余次，提出一系列新理念、新思想、新战略，体现了我们党高度的历史自觉和生态自觉，反映了我们党新的执政观和政绩观，展示了我们党良好的执政能力和形象风貌。

　　环境问题是经济问题、民生问题，也是政治问题。持续改善环境质量是一项艰巨紧迫、长期复杂的重大任务。在党中央、国务院坚强领导下，以建设生态文明为引领，我国环境治理力度前所未有，进程加速推进，环境质量有所改善。同时，生态环境保护仍滞后于经济社会发展，多阶段、多领域、多类型问题长期累积叠加，环境承载能力已经达到或接近上限，环境污染重、生态受损大、环境风险高，生态环境恶化趋势尚未得到根本扭转，环境问题复杂性、紧迫性和长期性没有改变，生态环境已成为2020年全面建成小康社会的突出短板。

　　"他山之石，可以攻玉"。我国环境保护的一个鲜明做法就是坚持以改善环境质量为核心，统筹国内国际两个大局，吸收借鉴国际先进经验和理念，及时出台加强国内环境保护的战略举措，并积极主动参与国际环境与发展领域合作与治理，树立负责任大国形象。环境保护对外合作中心充分发挥立足国内、面向国际的职能优势，深入研究大气、水、土壤污染防治和环境国际公约履约，以及环境与发展合作等方面国际经验与做法，汇编形成《全球环境政策研究》一书。该书着眼于以全球化视野，做国际化环保事业，对以改善环境质量为核心，打好大气、水、土壤污染防治三大战役，顺利实现《"十三五"生态环境保护规划》目标任务，加快补齐生态环境短板，积极参与全球环境治理，扩大生态文明建设国际影响，均具有重要借鉴参考意义。

是为序。

2017 年 3 月 10 日

目　录

第一篇

大气污染防治

德国汉堡港阿尔托那邮轮码头绿色岸电案例研究*

程天金 杜譞

近年来，由于货运和客运量增长，靠港船舶排放逐渐成为影响沿海港口城市空气质量的重要问题。在欧洲，船舶是污染大气最严重的交通工具，部分港口应用靠港船舶岸上电源系统供电（岸电）技术作为解决船舶排放的重要举措。当前，随着我国雾霾"攻坚战"的持续深入，船舶污染亟待管控。本文以德国汉堡港的阿尔托那邮轮码头岸电工程为例，解析其对策理念、工程设计、法规政策、融资途径、社会参与等情况，以期为我国推广绿色岸电技术、减少船舶污染物排放、改善环境空气质量提供有益借鉴。

一、汉堡市船舶污染情况

汉堡港是德国最大的港口，欧洲第二大集装箱港，也是世界最大的自由港，邮轮数量众多，货运船舶量不断增长。2013 年，汉堡港停泊过的船舶数量约为 20 000 艘，其中邮轮为 178 艘，2025 年将增加到 300 艘以上。汉堡市船舶污染是氮氧化物（NO_x）的首要来源，排放分担率达到 38%，可吸入颗粒物（PM_{10}）的排放分担率达到 17%，仅次于工业和机动车污染。停靠船舶排放的空气污染成为汉堡港的巨大挑战，尤其是能耗高、排放高的邮轮，已成为德国和欧盟关注的焦点。

---

* 《环境保护对外合作中心通讯》2016 年第 1 期。

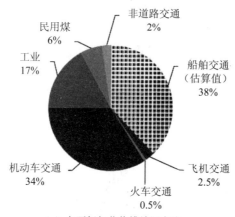

（a）主要氮氧化物排放源占比

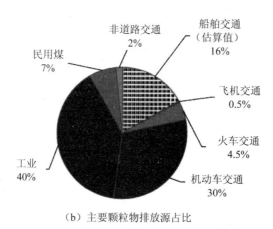

（b）主要颗粒物排放源占比

图 1　汉堡 2012 年各行业的污染物排放分担率

二、阿尔托那邮轮码头岸电工程

（一）对策理念系统化

为了应对日益增多的邮轮和货运船舶，满足欧洲法律规定并改善汉堡市空气质量，汉堡市政府与汉堡港务局（HPA）联合确定实施"智慧港口能源"总体方案，倡议系统性地减少港口区域污染和降低能耗。"智慧港口能源"方案的四大支柱为可再生能源、能源效率、智慧能源和移动性。其中的"移动性"支柱主要关注通过创新减少非道路移动源有害排放物，其中一个子项目为阿尔托那邮轮码头岸电项目。

汉堡经济事务、运输和创新部（BWVI）与汉堡港务局合作推动阿尔托那邮轮码头岸电项目，由汉堡港务局具体负责实施，自 2011 年 12 月开始修建阿尔托那岸电设施，从 2015 年第三季度开始为停靠在该码头的邮轮提供岸电服务。阿尔托那岸电设施使用可再生能源供电，将减少一半以上 CO_2 排放，同时降低大气污染。

（二）法律法规完备化

1. 欧盟相关法律法规

阿尔托那邮轮码头岸电项目需要遵守欧盟空气质量、船舶排放、能源消耗等方面法律法规。欧盟颁布 2005/33/EC 指令，从 2010 年 1 月 1 日开始，强制要求在欧盟港口停泊（包括锚泊、系浮筒、码头靠泊）超过 2 h 的船舶在港期间必须使用硫含量低于 0.1%的燃料油或者停掉所有辅机使用岸电。欧盟《环境空气质量指令》（2008/50/EC）要求各成员国到 2015 年将城市地区的可吸入颗粒物含量控制在年平均浓度 20 $\mu g/m^3$ 以下。此外，欧盟制定了航运业大气排放的法规，并且提出 2020 年前将欧洲能源消耗减少 20%的总体目标。

2. 全欧交通网络指导方针

由于阿尔托那邮轮码头岸电项目获得全欧交通网络（TEN-T）项目的资助，也需要遵守 TEN-T 指导方针中与船用岸电设施建设相关的条款和要求。

表 1 全欧交通网络项目指导方针的相关规定

法律条款	标题	描述
第二章 综合型网络		
第 4 节 海上交通运输基础设施建设与航道		
23（d）	海运基础设施建设的优先项目	为了促进海运基础设施共同关心的项目的建设工作，除第 10 条中的优先项目外，还应优先建设以下项目： d）引进新技术和创新，促进可替代性燃料和能效型基础设施的发展，这其中包括液化天然气
33（b） （c） （f） （h）	新技术与创新	为了使综合性网络跟上创新的技术发展和应用，特别应该实施以下措施： b）通过提高能源使用效率，尽可能使所有运输方式采用低碳模式，引进包括电力系统在内的替代性动力系统，并提供相应的基础设施。这样的基础设施可能包括电网和其他能源供应所需的设施，可以考虑基础设施-车辆接口，其中包括远程应用； c）提高客货运输的安全性和可持续性； f）强化举措，减少诸如拥堵以及包括噪声和排放等损害健康的任何形式的污染的外部成本； h）提高适应气候变化的能力

法律条款	标题	描述
35	基础设施对气候变化与环境灾害的适应性	在基础设施规划期间,成员国应充分考虑基础设施对气候变化与环境灾害的适应性
36	环境保护	计划和项目的环境评估应该遵照欧盟有关保护环境方面的法律进行,这其中包括:92/43/EEC 指令、2000/60/EC 指令、2001/42/EC 指令、2009/147/EC 指令以及 2011/92/EC 指令等
第二章　综合型网络 第 7 节　共同规定		
30（f）	城市节点	在城市节点中发展综合型网络时,成员国应在可行的情况下致力于: f) 推广高效的低噪低碳城市货运项目
32（a）（d）	可持续性货运服务	成员应特别关注具有以下特点的焦点项目:使用综合性网络的基础设施提供高效的货运服务,同时减少 CO_2 排放量及其他对环境的负面影响,并旨在: a) 提高运输基础设施的可持续利用性,其中包括有效的管理; d) 特别是在车辆牵引、驾驶/蒸汽、系统以及运营规划过程中,提高资源和碳的使用效率
第三章　核心网络		
39 1,2（b）	基础设施要求	1. 应充分考虑创新技术、远程应用、基础建设管理的监管措施,确保客货运输资源的高效利用,运输能力充裕; 2. 内河航运和海上运输基础设施:采用可替代清洁燃料

3. 项目建设相关的其他法律法规

除了欧盟有关指令以及 TEN-T 指导方针之外,表 2 列出了阿尔托那邮轮码头岸电项目在建设和运营过程中需要考虑的一些法规。

表 2　项目需考虑欧盟及国家的法律

法规名称	描述
汉堡港务局条例	汉堡港务局负责相关港口基础设施的规划、开发、管理以及维护的全部过程
欧委会第 1336/2013 号条例:合同授予手续的申请条件	预计成本 1 000 万欧元,超过 5 186 000 欧元限额,因而要启动公共采购程序(欧盟范围内)
欧盟 2014/94 指令:替代性燃料基础设施部署指令	各成员应确保陆上电力供应可用于水运船只,也需要符合指令规定的技术参数
欧盟运行条约	财政援助条例和竞争条例
能源经济法	如果汉堡港务局将成为终端运营商,行使能源供应商的职能,那么要遵循德国的《能源经济法》
设备电磁兼容性有关的法律	终端运营商需要注意,能源供应过程会产生过剩的电量,且连接后产生的磁场会影响环境,需要考虑《电磁应用法(EMVG)》

此外，所有施工活动必须遵守德国的法律，如《联邦排放控制法》及实施细则和《联邦自然保护法》及汉堡相关的实施细则。

（三）工程设计科学化

靠港船舶使用岸电是指船舶在靠港以后，利用电缆连接岸上供电系统和船舶受电系统，关停船舶自身辅机燃油发电，以达到减少排放的目的。阿尔托那岸电设备在全球技术领先，其变频换流站可根据不同的能源需求进行频率变换，供电装置可以移动并能满足不同邮轮的连接需求。该工程旨在减少邮轮的污染物排放，但也为未来推广到货船等各类船舶做好铺垫。

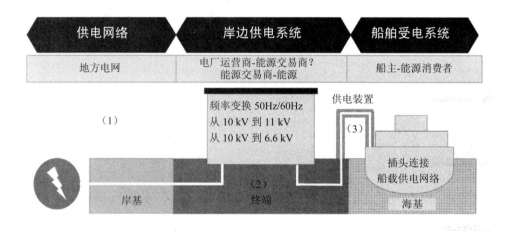

图 2　岸电基本原理

岸电可采用码头发电或者将装置连接到城市主干电网两种方式，阿尔托那邮轮码头的岸电设施与汉堡 10 kV 中高压主干电网相连，电力通过电缆传输到码头变频换流站，转换为邮轮船舶合适的频率，可向载有 2 500 名乘客的邮轮提供12 MVA/6.6 kV/60 Hz 或 12 MVA/11 kV/60 Hz 的电源。变频换流站至关重要，可将频率从 10 kV/50 Hz 分别转换到 11 kV/60 Hz 或 6.6 kV/60 Hz。变频换流站通过供电装置输向邮轮输送电力，阿尔托那邮轮码头岸电项目供电装置拥有灵活的机械手臂，不但能够随着船舶一起移动，而且能适应不同规模的潮汐。项目通过船侧的遥控装置来控制机械手臂，因此无须地勤人员。由于邮轮的尺寸大小以及对岸基电源高度的要求不同，建造和装备满足个体需求的供电装置非常重要。由于可以水平和垂直移动，阿尔托那邮轮码头岸上的供电设备具备足够的灵活性。

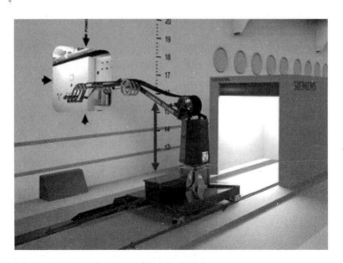

图 3　供电装置

（四）融资渠道多元化

邮轮岸电成本大大高于渡轮或集装箱运货船的普通岸电装置。一方面为了满足大量的邮轮电力需求，必须使用成本高昂的主干电网连接设备；另一方面，还需要适应不同的频率，邮轮上的电网频率为北美电网的 60 Hz，而欧洲电网供电频率为 50 Hz，因此，需要安装高成本的变频换流设备以适应不同电力需求。

阿尔托那岸电设施建设成本高达 1 000 万欧元，而运营成本达到 8.4 万欧元，该项目开发与建设一直受到欧盟的补贴。欧盟委员会经全欧交通网络项目（TEN-T）2007—2013 年提供 355 万欧元资助欧洲的交通基础设施建设和升级项目，全欧交通网络项目在 2014—2020 年总预算将达到 262 亿欧元。与此同时，欧盟"地平线 2020"计划资金规模为 800 亿欧元，也将为能源、环境和气候、创新以及运输领域提供资金支持。此外，汉堡港务局已向德国联邦环境、自然保护、建筑和核安全部申请了"生态创新方案"项目。

表 3　成本和融资计划概述

成本类型		筹措资金
建设成本	1 000 万欧元	● 汉堡市预算 ● 欧盟基金：全欧交通网络 ● 德国联邦环境部经费
运营成本 固定+可变成本（每年邮船数：70）	8.4 万欧元	● 主要：邮轮公司（用户） ● 未包括的可变成本：终端操作人员的成本分摊 ● 未包括的固定成本：汉堡市的成本分摊

（五）项目参与社会化

政府、企业不同程度参与了阿尔托那邮轮码头岸电项目，各司其职，实现多方共赢。

汉堡港务局负责规划、开发和实施该项目。总承包商则是汉堡市"西门子"子公司。经济事务、交通和创新部以及城市发展和环境部作为汉堡地方机关直接参与项目，分别负责基础设施以及环境事务，研究汉堡市开发可持续和环境友好型邮轮旅游业务。停靠汉堡港的邮轮公司是项目的客户。其中，"AIDA"公司的邮轮经常停泊在汉堡港口，该公司在项目规划过程中已对项目提供了支持，在一艘邮轮（AIDAsol）装配了岸电基础设施，参与了概念设计。

此外，邮轮码头以及汉堡周边居民虽然没有直接参与项目，但他们是该项目最大受益者之一，有害排放得到了明显削减，将有助于提高当地人民的生活质量。

三、其他岸电工程的情况

（一）德国类似的岸电项目

德国另一个创新项目是汉堡哈芬市邮轮码头岸电项目，与阿尔托那码头不同，该项目没有采用主干电网供电，而是利用移动充电驳船供电。该项目采用 76 m 长的电力驳船应用液化天然气或智能电力系统，靠岸时在一个体积小而高效的热电站中充电，然后将电能通过电力基础设施终端供应给船舶。项目成本为 200 万欧元，此类创新型混合动力充电船具备更大的灵活性。第一艘充电船于 2014 年 10 月抵达汉堡，终端基础设施的建设自 2014 年 10 月开始，并于 2014 年年底完成。终端项目的基础设施建设费用在地方上由汉堡市资助，在国家层面上则由联邦环境、自然保护、建设和核安全部提供资助。混合动力驳船项目的开发和投资由私营企业负责。

（二）全球其他类似的岸电项目

在全球范围内，世界主要港口通过"世界港口气候计划"达成了承诺，在继续行使交通运输和经济中心职能的同时，减少港口运营的温室气体排放，在世界主要港口推广岸电。表 4 列出了包括货船在内的全球岸电概况。

表 4　提供岸电的港口

实施年度	港口	国家	设施可用于
2000—2010	哥德堡	瑞典	滚装船，客滚船
2000	泽布吕赫	比利时	滚装船
2001	朱诺	美国	邮轮
2004	洛杉矶	美国	集装箱，邮轮
2005—2006	西雅图	美国	邮轮
2006	凯米	芬兰	客滚船
2006	科特卡	芬兰	客滚船
2006	奥卢	芬兰	客滚船
2008	安特卫普	比利时	集装箱
2008	鲁贝克	德国	客滚船
2009	温哥华	加拿大	邮轮
2010	圣地亚哥	美国	邮轮
2010	旧金山	美国	邮轮
2010	佛库·卡尔斯克鲁纳	瑞典	邮轮
2011	长滩	美国	邮轮
2011	奥斯陆	挪威	邮轮
2011	鲁伯特王子	加拿大	—
2012	鹿特丹	荷兰	客滚船
2012	于斯塔德	瑞典	邮轮
2013	特雷勒堡	瑞典	—
2015	汉堡	德国	邮轮

四、对我国绿色岸电发展的启示

全球十大港口，我国占据八席，吞吐量约占全球的 1/4，船舶和港口污染严重影响空气质量和居民健康，发展绿色岸电是实现我国航运和港口城市绿色发展的有效途径。

一是优化发展理念。贯彻落实创新、协调、绿色、开放、共享的发展理念，积极倡导"以电代煤、以电代油"，开展港口岸电替代工作，促进节能低碳清洁的内河航运以及海洋经济发展。

二是严格执行法律法规政策。落实《大气污染防治法》《船舶港口污染防治专项行动实施方案（2015—2020 年）》《珠三角、长三角、环渤海（京津冀）水域船舶排放控制区实施方案》等政策法规要求，新建码头配套建设岸电设施，现有码头逐步改造增加岸电设施，船舶优先使用岸电，重点推进珠三角、长三角、环渤海（京津冀）排放控制区主要港口岸电设施建设。

　　三是推动建立激励机制。对岸电建设以及使用岸电的船舶进行财政补贴，降低岸电建设和运营成本，引导靠港船舶使用岸电，开展码头岸电示范项目建设，加快港口岸电设备设施建设和船舶受电设施设备改造。

　　四是加快技术研发推广。针对国际航行、沿海船舶的高压岸电供电系统和内河、港作、公务船舶的低压岸电供电系统，开展岸电设备、岸船接口、船上油路电路切换等关键技术的研发和推广。

欧美经验对我国"十三五"大气污染防治的启示[*]

杜 譞 李宏涛

当前,我国大气污染形势严峻,复合型污染特征突出。《大气污染防治行动计划》、新修订的《环境保护法》《大气污染防治法》,以及《环境空气质量标准》的发布和实施,对我国大气污染防治工作提出更高要求。"十三五"时期是我国环境保护负重前行困难期和大有作为关键期,也是我国改善大气环境质量的攻坚期,需要系统谋划大气污染防治战略。本文对欧美环境规划和战略中的大气污染防治经验进行梳理,分析我国大气污染防治战略的现状和问题,并提出相关政策建议,以期为解决"心肺之患"、实现环保"十三五"总体目标提供参考。

一、欧美大气污染防治的相关经验

(一)构建多污染物约束性目标

从大气污染治理的国际经验来看,美国和欧洲均采用了包括 SO_2、NO_x、VOCs、PM_{10}、$PM_{2.5}$ 和 O_3 等一次和二次污染物的多污染物约束性指标体系。

从二十世纪五六十年代出现大气环境污染以来,欧洲在地区协作层面和规划层面设计了多指标的污染控制体系。

一是在地区协作层面制定多污染物减排指标。随着酸雨等污染物跨界传输问题的凸显,欧洲开始采取积极的削减控制策略,1979 年,欧洲各国缔结了控制酸雨越境污染的《长距离跨界大气污染公约》,1985 年的《赫尔辛基公约》首次对 SO_2 提出了减排 50%的控制目标,此后在《索菲亚议定书》《哥德堡议定书》和《日内瓦议定书》中又分别增加了对 NO_x 和 VOCs 的削减目标。2012 年,新修订的《哥德堡议定书》将 $PM_{2.5}$ 以及短期气候变化污染物黑炭(BC)的控制纳入《长距离跨界大气污染公约》防控体系。

---

[*] 《环境保护对外合作中心通讯》2016 年第 2 期。

二是在规划层面形成多污染物协同控制机制。欧盟在制订环境行动计划时，考虑多污染物的协同减排策略。如第六期环境行动计划（2002—2012年）要求欧盟制定有关空气质量的实施战略，设定2020年的减排目标为：与2000年相比，SO_2减排82%，NO_x减排60%，VOCs减排51%，NH_3减排27%，$PM_{2.5}$减排59%。

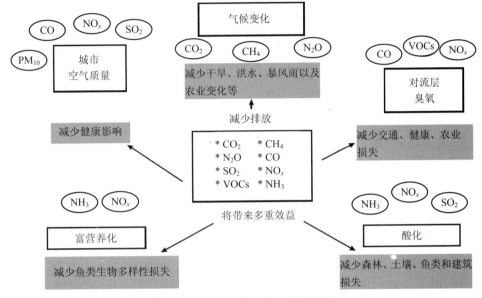

图1　欧盟多污染物协同控制机制

1994年，美国环境保护局（EPA）开始发布第一个战略规划（1995—1999年）。迄今为止，EPA已制定了七轮战略规划，目前正在实施2014年发布的《美国环境保护局2014—2018财年战略规划》。EPA战略规划为目标导向型，第一个战略规划明确了污染防治的总目标，即带领全国削减污染物排放，并将污染防治作为首要战略。其中关于大气污染防治约束性指标的主要经验包括以下几点。

一是多污染物控制目标。EPA在第一个战略规划中仅提出了污染防治的宏观目标，在其后六轮的战略规划中，均设置了专门的大气污染防治目标，约束性指标覆盖CO、SO_2、NO_x、PM、O_3和VOCs等多种污染物（表1）。

二是总量、质量、风险、管理目标相结合。EPA每一轮战略规划均将总量和质量作为约束性指标，例如CO、SO_2、O_3、PM、NO_2、铅的环境浓度以及SO_2、NO_x、VOCs的排放量；健康风险目标也贯穿始终，1997—2005年战略目标均为"清洁空气"，2003—2008年就已将目标提升为"健康的室外空气"和"健康的室内空气"，并且设置了9个健康相关指标；在2000—2005年战略规划中，已将印第安部落的能力建设、PM健康风险评估工具、PM和O_3排放和空气质量达标工具、空气有毒物质信息和工具等管理指标纳入约束性指标当中。

表 1　美国环境保护局战略计划（EPA Strategic Plan）

1997—2002 年	2000—2005 年	2003—2008 年	2006—2011 年	2011—2015 年	2014—2018 年
● 目标: 清洁空气 - CO 浓度 - SO_2 浓度 - 铅浓度 - O_3 浓度 - PM 浓度 - NO_2 浓度 - SO_2 排放量 - NO_x 排放量 - 空气有毒物质排放浓度 - 硫酸盐环境浓度 - 硝酸盐环境浓度 - 总硫沉降 - 总氨沉降 - 能见度	● 目标: 清洁空气 - CO 浓度 - SO_2 浓度 - 铅浓度 - O_3 浓度 - PM 浓度 - NO_2 浓度 - 能见度 - 电厂 NO_x 排放量 - 电厂 SO_2 排放量 - 空气有毒物质排放量 - 印第安部落能力建设 - PM 相关健康风险评估工具 - PM 和 O_3 排放和质量达标工具 - 空气有毒物质信息和工具	● 目标: 健康的室外空气 ☆ 子目标 1: 更多的人呼吸清洁空气 - SO_2 固定源排放量 - NO_x 固定源排放量 - NO_x 移动源排放量 - VOC 移动源排放量 - $PM_{2.5}$ 移动源排放量 ☆ 子目标 2: 减少空气有毒物的风险 - 空气有毒物质固定源排放量 - 电厂汞排放量 - 空气有毒物质移动源排放量 - 柴油校车清洁化 ● 目标: 健康的室内空气 - 家庭氡污染防治 - 儿童环境烟雾暴露 - 室内环境暴露引发的哮喘 - 学校空气质量改善 - 办公场所空气质量改善	● 目标: 健康的室外空气 ☆ 子目标 1: O_3 和 $PM_{2.5}$ - O_3 浓度 - $PM_{2.5}$ 浓度 - $PM_{2.5}$ 移动源排放量 - NO_x 移动源排放量 - VOCs 移动源排放量 - 能见度 - 印第安部落落能力建设 ☆ 子目标 2: 空气有毒物质 - 空气有毒物质排放量 ☆ 子目标 3: 慢性酸性水体 - SO_2 电厂排放量 - NO_x 电厂排放量 - 总年均酸沉降 - 硫酸盐浓度 - 总年均氮沉降 ● 目标: 健康的室内空气 - 家庭氡污染防治 - 室内环境暴露引发的哮喘 - 学校空气质量改善	● 目标: 改善空气质量 ☆ 子目标 1: 削减指标污染物和区域雾霾 - O_3 浓度 - PM_{10} 浓度 - NO_x 排放量 - SO_2 排放量 - PM 排放量 - 能见度 - 印第安部落能力建设 ☆ 子目标 2: 削减空气有毒物质 - 空气有毒物质排放量 ☆ 子目标 3: 减少酸沉降的有害生态效应 - 慢性酸性水体的数量 ☆ 子目标 4: 减少室内空气污染物的暴露 - 降低氡暴露以减少肺癌过早死亡病例 - 室内环境暴露引发的哮喘	● 目标: 改善空气质量 ☆ 子目标 1: 削减指标污染物和区域雾霾 - O_3 浓度 - PM_{10} 浓度 - SO_2 电厂排放量 - I 类地区能见度最差天数 - 印第安部落能力建设 ☆ 子目标 2: 削减空气有毒物质（致癌毒性加权）排放量 ☆ 子目标 3: 减少酸沉降的有害生态效应 - 慢性酸性水体的数量 - 生态系统的健康效益 ☆ 子目标 4: 减少室内空气污染物的暴露 - 降低氡暴露以减少肺癌过早死亡病例 - 室内环境暴露引发的哮喘

14

三是差异化、精细化。EPA 根据环境状况，污染物治理状况以及科学和技术的发展，设计了差异化的控制目标。以总量目标为例，EPA 根据控制重点设置电厂、移动源等行业排放量目标，1997—2002 年控制目标为 SO_2、NO_x 排放量，后续规划则根据污染物排放特征设置固定源的 SO_2 和 NO_x 排放量、移动源 NO_x 和 VOCs 排放量等目标。此外，美国的大气污染防治目标也在不断地细化，例如 2006—2011 年的规划指标体系相比于 2003—2008 年增加了一个目标"慢性酸性水体的控制"，同时调整了子目标的分类，增加了 4 个子目标。

四是及时动态更新。按照美国国会《政府绩效和结果法》的要求，EPA 战略规划年限为五年，更新周期为三年，即美国 EPA 每三年调整一次环境保护目标。这样便于针对实际情况不断进行环境目标优化，保证环境保护目标的可持续性改进以及规划发布的及时性，充分体现规划先行。

（二）实行成本效益评估

欧美发达国家推动实施全尺度空气质量管理规划，通过整合排放清单、空气质量监测、空气质量时空分布模拟、减排政策措施成本分析、减排效益分析、成本效益比较等关键要素构建系统化的空气质量管理规划，在规划中注重政策措施的成本效益分析，并积极研发集成模型工具，优化大气污染防治决策体系。

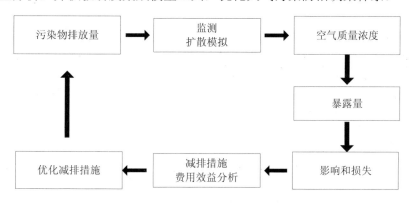

图 2　全尺度空气质量管理规划框架

1. 明确成本效益评估责任

1995 年，美国国家环保局（EPA）开始努力改变规划、预算、分析和审计的基础方法，其核心是研究管理政策的成本与效益。当年的美国国家环保局规划委员会报告指出，"美国国家环保局有必要分析政策目标和可测量的环境结果。只有这样，我们才能告诉公众，要做什么来保障社区健康和环境，将如何做，花费多少，何时达到目标。"EPA 在 1997—2002 财年战略规划的制定中，开始将活动的成本与效益作为战略规划的重要内容，并明确指出，EPA 有责任在战略规划中通过成本效益测算选择最为成本有效的方法和措施。

2. 划定大气污染防治政策成本效益分析范围

EPA 大气与辐射办公室（OAR）负责对战略规划中的大气污染控制目标和方法进行成本效益分析。

效益分析包括定性、定量和货币化三类。其货币化大气污染政策的效益主要包括两个方面：第一，健康效益，包括急性和慢性健康影响；第二，公共福利，包括农作物、能见度、氮沉降对生态环境的影响以及文物保护。当没有足够货币化数据时，OAR 将考虑污染物减排的量化分析。当没有足够的科学和经济数据时，OAR 将在规划中做出定性的讨论。

成本分析包括购置污染控制设备或改变生产流程的投资、年度运行和维护成本、监测和检查成本以及管理成本。此外，成本分析还包括执行大气相关法律法规政策节约的成本，例如，能源节约、产品循环利用、整个生产过程中原料的节约等。

3. 开发成本效益及达标评估模型工具

目前，EPA 已开发出空气污染控制成本效益及达标评估系统（Air Benefit and Cost and Attainment Assessment System，ABaCAS），能够同时实现成本有效环境控制战略选择、空气质量改善效果分析、达标分析、健康效益评估、控制策略成本效益优化等多种功能，使模型科学决策的功能更为强大。

欧洲环境署（EEA）结合 DSR（驱动力—状态—响应）模型和 PSR（压力—状态—响应）模型的优点开发了 DPSIR（驱动力—压力—状态—影响—响应）模型，主要用于判定环境问题因果和环境状态关系，并将其应用于第五期环境行动计划中的空气质量管理评估。

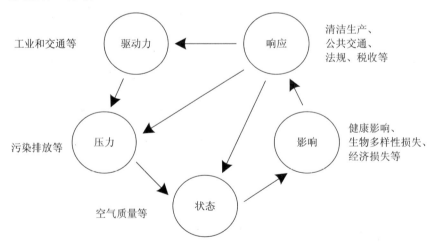

图 3　欧洲环境署评估大气污染防治政策的 DPSIR 模型

4．评估重点大气污染减排措施

EPA 在 1997—2002 财年战略规划中指出，进行成本效益分析的大气污染防治措施包括：国家环境空气质量标准（NAAQS）、钢铁业最佳可行控制技术标准、各类空气有毒物质的国家排放标准、第三阶段非道路柴油机颗粒物标准等。

根据 EPA 的回顾性分析，1970—1990 年，执行和遵守《清洁空气法》的直接成本为 6 890 亿美元，而直接效益为 29.3 万亿美元，效益约是其成本的 40 倍。对 1990 年《清洁空气法修订案》的前瞻分析表明，1990—2020 年美国执行该法律的核心效益为 2 万亿美元，成本为 650 亿美元，效益成本比将高达 30∶1。

根据 DPSIR 模型对欧盟第五期环境行动计划的评估，欧洲环境署认为，欧盟正在努力削减大气污染及其对人体健康和生态系统的影响，主要通过控制点源的硫排放以及汽油无铅化改善了酸化和城市空气质量。然而，这些措施不足以改善欧洲所有地方的二氧化硫和铅浓度，欧盟在大气污染造成的其他环境问题（气候变化和对流层臭氧）止步不前。对于大气相关的所有环境问题，削减排放的政策响应措施已经被压力背后的驱动力抵消，尤其是交通部门。需要更有效地降低所有大气污染物的排放才能达到空气质量及生态系统承载力的目标。

二、我国环境规划中大气污染战略相关情况

经过近 20 年的努力，我国在经济高速发展、污染物产生量不断增长的同时，有效地控制了环境质量不断恶化的趋势。尽管如此，面临严峻的大气污染形势，我国环境规划中的大气污染约束性指标仍有待加强和完善。

1．在控制复合型大气污染方面有局限性

我国的大气污染控制早期是基于排放限值的浓度控制，"九五"规划开始实施二氧化硫（SO_2）和烟粉尘总量控制，"十五"规划一定程度上实现了总量控制与质量控制相结合，提出了总量、工业污染防治、环境质量以及区域指标，"十一五"规划精简了约束性指标，实施 SO_2 排放削减 10%总量控制目标，"十二五"规划实施了 SO_2 以及氮氧化物（NO_x）的总量控制目标，同时还增加了环境质量的控制。在以往的规划中，缺乏对 O_3 以及二次污染物前体物质 VOCs 的控制目标，难以对症下药。

表 2　我国环境保护规划中大气污染防治指标

"九五" (1995—2000 年)	"十五" (2001—2005 年)	"十一五" (2006—2010 年)	"十二五" (2011—2015 年)
● 烟尘排放量 ● 工业粉尘排放量 ● SO₂ 排放量 ● 工业废气处理率	● 主要污染物排放总量控制指标 —SO₂ 排放量 —尘（烟尘和工业粉尘）排放量 ● 工业污染防治指标 —SO₂ 排放量 —烟尘排放量 —粉尘排放量 ● 城市环境保护指标 —设区城市空气质量达到国家二级标准比例 ● 重点地区环境保护指标 —两控区 SO₂ 排放量、降水酸度和酸雨发生频率、SO₂ 浓度	● SO₂ 排放总量 ● 重点城市空气质量好于二级标准的天数超过 292 d 的比例	● SO₂ 排放总量 ● NOₓ 排放总量 ● 地级以上城市空气质量达到二级标准以上的比例

2. 难以满足各项新政策对 $PM_{2.5}$ 和 O_3 提出的环境质量要求

我国 2012 年实施新的空气质量标准，2013 年发布《大气污染防治行动计划》，更加严格的空气质量要求将对环境保护五年规划中的约束性指标提出了更高的要求。按新的空气质量标准进行评价，我国目前至少有 2/3 的城市不能达标。为了达到空气质量改善目标的要求，必须对一次颗粒物和 SO_2、NO_x、$VOCs$、NH_3 等二次颗粒物以及 O_3 的前体物进行持续减排，需要在新的五年规划中对相应的指标加以扩充和强化。

3. 缺乏大气污染防治政策的成本效益评估

环境规划中大气污染防治目标和措施的设计应伴随相应的评估方法，从而跟踪和评价措施的执行情况及有效性。现阶段，我国尚未形成空气质量管理的全过程评价方法和体系，尤其是在环境规划中尚未形成成本效益的评估机制，因此需要通过对欧美经验的学习，创新管理手段，逐步丰富和发展该领域内容。

三、 启示与建议

建议从以下几个方面加强"十三五"时期大气污染防治战略的规划设计，进一步优化政策体系和机制。

1. 扩充"十三五"环境保护规划中约束性指标的大气污染物类型

当前，我国传统的煤烟型污染、汽车尾气污染与二次污染相互叠加，部分城市

不仅 $PM_{2.5}$ 和 PM_{10} 超标，O_3 污染也日益凸显。"十三五"时期，大气污染防控应逐步由一次污染物控制向一次污染物与二次污染物并重转变。既要继续抓好 SO_2、NO_x 等常规一次污染物控制，又要深入推进 $PM_{2.5}$、O_3 等二次转化污染物及重要前体物 VOCs 的污染防治工作，尽快在规划体系中考虑设置重点地区和重点行业的 VOCs 控制目标以及长三角、珠三角等区域的 O_3 控制目标。此外，在规划体系中考虑空气有毒物质等健康风险目标，以解决损害群众健康的突出环境问题。

2．建立我国大气污染防治政策的成本效益评估机制

在环境规划体系中明确规划目标和措施成本效益评估的作用及责任部门，选取影响大的重点政策进行试点分析，例如，《环境空气质量标准》和《大气污染防治行动计划》。针对大气污染控制的成本效益评估方法学开展研究，健全分析理论和方法，建立适合我国国情和环境空气质量现状的标准化的成本效益货币化方法与原则，构建我国重点区域大气污染防治政策的成本效益评估方法体系，推动我国大气污染防治规划目标的制订从基于命令控制型向基于成本效益型转变。开发大气污染防治政策成本效益评估的集成模拟工具，整合排放清单模型、空气污染物扩散模型、暴露评价模型、健康生态效益模型以及政策成本分析模型，形成大气污染防治政策的集成模拟工具箱，对规划方案的政策情景进行前瞻性和回顾性的成本效益分析，优化大气污染防治政策决策体系，切实改善大气环境质量。

借鉴美国、日本及我国台湾地区经验　推动重点行业挥发性有机物（VOCs）排放管理与控制[*]

刘兆香　王　京　万　薇

挥发性有机物（Volatile Organic Compounds，VOCs）是各种人类活动和生物代谢排放到大气中的挥发性有机化合物的总称，其种类繁多、来源复杂、极易扩散，是导致雾霾和臭氧（O_3）污染的原因之一，也是大气污染中需重点防控的部分，其治理在世界范围内都是一个难题。我国 VOCs 治理起步晚，在重点行业、处理技术上虽已初具基础，但相对薄弱，且技术方案不清晰，亟须借鉴国内外先进的管理和技术经验。当前我国 VOCs 政策标准不断加严，新《大气污染防治法》首次将 VOCs 纳入监管范围，全国石油化工、包装印刷行业试点开征 VOCs 排污费。本文旨在总结国内外 VOCs 治理经验，为我国大气污染治理提供借鉴，加强重点行业 VOCs 排放管理与控制。

一、我国 VOCs 污染防治现状及其排放管理问题与挑战

1. VOCs 污染现状

自 2013 年《大气污染防治行动计划》发布以来，我国城市空气质量改善效果初显，但是 O_3 浓度不降反升，达标城市比例下降。VOCs 可与 NO_x 在紫外线下发生复杂的非线性反应，导致对流层 O_3 的累积，造成城市光化学烟雾。要控制 O_3 浓度，必须协同控制 NO_x 和 VOCs。此外，由 VOCs 形成的有机气溶胶是颗粒物的重要组分，在重污染天气下其占比可能高达 30%。随着我国雾霾和 O_3 等大气问题日趋严峻，VOCs 排放控制势在必行。

2. VOCs 排放管控面临的问题与挑战

当前，VOCs 作为大气污染的主要污染物，已成为各地治理的重点。我国 VOCs 治理重点是在石化、有机化工、表面涂装、包装印刷等重点行业实施综合整治，在

---

[*] 《环境保护对外合作中心通讯》2016 年第 5 期。

石化行业开展"泄漏检测与修复"技术改造；在原油成品油码头开展油气回收治理，限时完成加油站、储油库、油罐车的油气回收治理；推广应用低挥发性溶剂，如水性涂料。目前我国 VOCs 排放管理主要面临以下几方面的问题与挑战。

（1）底数不清，排放特征不明。目前我国 VOCs 排放源清单的编制仍在起步阶段，基础参数和信息仍不完善。VOCs 排放源相对复杂，包括自然源和人为源，以无组织排放为主监测较难，缺乏有关人为源排放量和排放特征的统计结果，也缺乏有关重点行业和重点污染源的排放数据，对 VOCs 的排放总量只能进行估算。为了摸清底数，不少省市已经开展 VOCs 排放源调查与清单编制，而各地 VOCs 相关基础问题未能厘清，例如，定义和估算范畴不一而同，使清单编制面临一定挑战。

（2）政策标准不完善。在配套政策方面，各省市陆续出台了 VOCs 治理相关的政策和整治任务，但对应的标准和监测方法却相对滞后，带来治理项目无验收依据、先行治理的企业跟不上政策标准不断出台的要求而需要重复建设等"鞭打快牛"的问题。也存在不区别行业特征制定技术规范等"一刀切"的问题，如有些地方规定限时完成 VOCs 治理，或规定时间内完成去除设备安装调试，或完成泄漏检测修复，违背技术流程和忽视工艺复杂性，造成工程粗制滥造和治理行业恶性竞争。对于收费来说，国家层面已经发布 VOCs 收费政策，但在地方落实上仍然困难重重。一方面由于缺乏定价的有效依据；另一方面是服务于收费的排放核算方法还未达成一致。

（3）管理与技术方案模糊。在管理方面，VOCs 的控制还未纳入总量控制，排放标准仅覆盖部分工业行业，在重点行业开展的治理行动试点尚处于摸索阶段，缺乏基于科学研究成果的系统方针（如不能针对本地污染特征制定 VOCs 与 NO_x 的协同控制方案），且针对众多小而散的 VOCs 排放源还未能进行有效的管理。在治理技术方面，工业污染源排放特征的复杂性使得控制技术难以选择，国内企业缺乏经验，研究基础相对薄弱，无法有效提供技术支撑，第三方检测数据质量也具有不可靠性。

二、美国、日本及我国台湾地区 VOCs 排放管控经验

1. 许可证制度

（1）建立以设备为基础的许可证制度作为加强减排的关键手段，每个排污设备均需许可证

美国各州及我国台湾地区已建立排污许可证制度，美国国家环保局（EPA）更针对大型污染源制定许可证国家标准，美国加州以设备为基础的许可证包括建设许可证与运营许可证：只有获得建设许可证才可以开工，在最终检测和评估后，才可

获得最终的运营许可证，且每五年需要更新申请。许可证制度除了确认所有设备符合排放标准外，其包含的以下内容还可实现进一步的减排：①环评。业主可承诺实施法规没有要求的措施，以降低项目对环境的影响，这样更容易得到许可，也可作为执法依据；②新建与改建项目。如果排放增加，需应用最佳防治技术或实现最低可达排放率，此技术需要经过严格评审，相比原有技术需有更好的 VOCs 减排效果；③排放抵消。在空气质量未达标地区，如有项目产生新的排放源，需要减少等量或更多的现有排放源；④公众参与。公众会参与许可证审批过程，可使审批更完全并符合当地需要；⑤排污申报。企业必须每季度申报排污情况，主动证明本身是符合排放标准及环评承诺，而不是靠环保单位被动稽核取缔来维持环境质量。

（2）将通过环评和应用最佳控制技术作为发放许可证的两大前提

加州环境质量法案要求所有建设项目都必须做环评来评估对环境的影响，并说明企业采取了最佳控制技术。项目范围不止包括施工项目，还有任何认为可以产生社会经济改变而影响环境的项目，如建立社会制度或法案等。如有轻微影响，需提交影响评估报告；如有较大影响，需要制订减缓影响的措施，提交相关报告后，再提交环境质量评估报告。无法改变其影响的，申请许可证时需要严格评审，经过公众参与等环节通过后才能发放许可，环评的承诺条件可以并入许可条件作为执法依据。

美国 EPA 与加州都认为企业在新建与改建项目时，是应用最佳控制技术的最好时机，其法规也都分别做了严格规定，要求实践应用类似项目已达成的最佳技术或最低排放率。有些低排放技术若已在州执行计划中列出，则必须在新建或改建时实践。任何其他低排放技术或具有技术可行性的控制技术，也必须在评比确认费用有效性符合预定水平后方可实践。

2. 排污收费

在收费模式方面，我国台湾地区对于 VOCs 的控污费收费费率是排放量越大单价越高，特定种类的 VOCs 排放还需要累加收费。我国台湾环保部门空气保护处与立法委员协商，一方面通过收费手段压制排放量；另一方面将所得专款专用，强化空气质量管理措施，包含上述许可证制度，以及污染改善辅助措施，因而获得我国台湾立法部门支持推动。通过收取控污费，可雇佣第三方机构[①]帮助治理污染。VOCs 排污收费费率如表 1 所示。

---

① 我国台湾地区在 VOCs 监测与治理领域都一定程度上依托第三方机构或企业，这有利于汇集更多人力资源来开展工作。但是美国则倾向于在条件允许的情况下尽量建立和培养环保管理部门自身团队，因为 VOCs 治理领域要求有经验的专业技术人员，这样可以避免第三方机构人才流失给政策实施带来的不便。

表1 VOCs 排污收费费率 单位：台币

污染物种类		费率		适用的公私场合
		二级防治区	一、三级防治区	
挥发性有机物		25 元/kg	30 元/kg	第一级：季排放量扣除起征量后＞49 t
		20 元/kg	25 元/kg	第二级：6.5 t＜季排放量扣除起征量后≤49 t
		15 元/kg	20 元/kg	第三级：季排放量扣除起征量后≤6.5 t
个别物种	甲苯、二甲苯	5 元/kg		排放挥发性有机物中含本项个别物种者，加计本项空气污染防治费
	苯、乙苯、苯乙烯、二氯甲烷、1,1-二氯乙烷、1,2-二氯乙烷、三氯甲烷（氯仿）、1,1,1-三氯乙烷、四氯化碳、三氯乙烯、四氯乙烯	30 元/kg		

在核算方法方面，我国台湾地区用于确定排污收费的 VOCs 排放系数可以用经核准的企业自建系数或应用管理部门统一规定的系数。政府统一规定的系数一般偏高，因此规模较大的企业用自建系数比较省钱，需要将计算说明写成说明书送至环保部门，环保部门召开专家评审会，做科学性合理性审查。通过后，企业可使用自建系数的方式，使排放量计算更准确。

3. 行业标准

美国加州 VOCs 管控主要针对的污染源包括：涂装与其他含 VOCs 物料使用的行业、石化行业及移动源等。各个行业减排均有其完备的标准体系，不断修改加严，随着新问题的出现，新法规与标准不断制定。对于含 VOCs 物料使用的行业，加州南海岸空气质量管理局规定了消费品名录，包括用于建筑喷涂、印刷、干洗、人造板材、金属、汽修、黏合剂等，规定了不同产品 VOCs 的含量限值，使用效率，并鼓励 VOCs 低排放或零排放技术，法院判决也已确认 VOCs 限值相关技术的可行性。对于石化行业，规定涉及加油站、油库与码头装卸、储罐、焦化厂、泄漏检测与修复、火炬气回收、废水系统等。

台湾地区针对 VOCs 主要排放行业均制定了相应的排放标准，主要涉及汽车制造业表面涂装、加油站油气回收、干洗作业等，不同行业的同种类 VOCs 限值可不同。标准中规定采用最大可达去除率或设定工厂最大可达总排放量。台湾地区 VOCs 管控相关的标准在制定时主要原则是最大控制技术原则与最佳可得技术原则。要求排放企业必须符合相应的技术规范，方能获取排放许可证，对于不能达到排放标准的企业则处以罚款、关闭等严厉处罚手段。已有标准包括：加油站油气回收设施标准、干洗作业空气污染防制设施管制标准、半导体制造业空气污染管制及排放标准、挥发性有机物空气污染管制及排放标准（石化业）、汽车制造业表面涂装作业空气污染物排放标准、光电材料及组件制造业空气污染管制及排放标准、胶带制造业挥发性有机物空气污染管制及排放标准、聚氨基甲酸酯合成皮业挥发性有机物空气污染管制及排放标准。其中，喷涂行业中只有汽车制造业有专门标准，主要限值为：烘房废气之挥发性有机物应符合总破坏去除效率 90%及排放管道排放标准 60 mg/m^3，喷房挥发性有机物排放标准应符合 110 g/m^2。随着台湾地区汽车制造业不断萎缩，标准已经停止加严。

日本在 2006 年 4 月 1 日修订《大气污染防治法》中加入了 VOCs 排放管理，但仅针对 VOCs 排放量较多的设施制定了明确的排放标准，其他单位则由企业或业界协会推进自主减排。参与自主管控 VOCs 的企业，需要向与其事业形态相对应的事业团体（如以会员身份加入的业界团体）中挑选一方表示参加自主行动计划[①]。日本将 VOCs 排放装置的排放口 VOCs 浓度容许限度定为排放标准，其《大气污染防治法》规定了企业 VOCs 减排责任和义务，自此以后，产业界一直致力于自主管理。参加 VOCs 自主管理的企业在提出自主减排计划后，各自实施减排措施，需每年一次向产业团体报告减排业绩。产业团体整理汇总企业的减排情况，按照经济产业省指定格式提交报告。提交的报告不仅是减排量这个数字，更要求明确记载采用的减排技术、减排成本、超计划减排的案例或没达到计划减排量的案例。

4. 明确重点行业 VOCs 管控技术路线

（1）石化行业泄漏检测与修复技术应用

泄漏挥发被认定为石化行业 VOCs 排放的重要来源，泄漏检测与修复（LDAR）系统被广泛应用于石化行业的 VOCs 排放控制。LDAR 的关键内容包括六个环节：查明—计算—监测—修复—记录/保存—报告。美国加州现行的条例对 LDAR 做出了新要求，加严了泄漏限值与修复期限，泄漏检测方法则采用美国国家环保局"标准方法 21"，即 VOCs 泄漏的测定方法[②]。

（2）喷涂行业废气处理技术

目前台湾地区对于喷涂行业没有回收价值的废气通常采用焚烧方法处理，主流技术包括：蓄热式焚化技术、触媒焚化技术、沸石轮转浓缩后焚化技术。其他发展中的治理技术包括：内置式低温催化技术、矿物油浓缩技术等。浓缩技术优缺点比较如表 2 所示。

---

① 日本《大气污染防治法》第 17 条之第 3 款。

② Method 21: http://www3.epa.gov/ttnemc01/promgate/m-21.pdf

表2 浓缩技术优缺点比较表 单位：台币

	沸石转轮	活性炭吸脱附	矿物油吸收
优点	• 体积小 • 无着火风险 • 光电半导体厂实绩多	• 活性炭便宜（20 元/kg） • 多数企业采用活性炭吸附	• 矿物油更便宜（8 元/kg） • 石化业较常见 • 矿物油闪点较高（120℃以上） • 反应性、聚合性气体均适用
缺点	• 较昂贵（150 元/kg） • 易受高沸点物质影响 • 聚合性气体，如苯乙烯等不适用	• 体积大 • 反应性、聚合性气体 • 再生温度小于 120℃ • 浓缩倍率受限	• 体积大 • 民生化工业无实绩 • 发展中技术

三、对我国 VOCs 排放管理与控制的启示和建议

1. 将 VOCs 排放控制纳入"一证管理"

目前，新修订的《环境保护法》和《大气污染防治法》都提出了建立排污许可制度的要求，我国正迫切需要通过排污许可证制度对固定源从应用技术、排放浓度、排放总量三个层面进行综合、简化的管理。应基于许可证制度的实施，将 VOCs 管理平台纳入多污染物"一证管理"平台，用好环境质量达标改善规划、环评、许可证制度、总量控制、国家排放清单等多种监管手段，形成环境治理合力。提升重点省市环保主管部门 VOCs 监管水平，将 VOCs 污染防治纳入日常监管，与落实《大气污染防治行动计划》相结合，加强跟踪调度、督查指导。

2. 加强落实排污收费

2015 年 6 月，财政部、国家发展和改革委员会和环境保护部三部委联合发布《挥发性有机物排污收费试点办法》（国发〔2013〕37 号），将石油化工和包装印刷两个行业作为全国的 VOCs 排污收费试点行业，但遭遇定价、核算两大难题。结合北京、上海、天津等主要城市石化行业 VOCs 综合整治和排污收费试点工作，可对典型石化、包装企业开展联合排查，帮助企业、地方环保部门统一思路和方法，并将排查结果向社会公开。推动各地技术、方法统一，落实企业主体责任和相互监督责任。在此基础上，进一步扩展到各地方、各行业，建立健全的全套收费机制和配套政策，确定排放量计量办法，加强排污收费落实。通过排污收费促进企业减排。

3. 完善重点行业标准和规范

加强各行业完备的标准体系，不断完善加严，提前公布标准，使企业有法可依。完善"排污收费制度""减排奖励制度""消费税制度"；完善重点行业排放标准体系：目前缺项较多的主要有黏胶带、彩钢板、漆包线、黏胶丝、汽车维修等行业；完善

检测方法体系。各标准按行业特点，分行业、分阶段、分时间节点等逐渐推行落实。

4．明确重点行业 VOCs 管控技术路线

目前我国在 VOCs 重点行业、技术上均已初具基础，但技术复杂，难以筛选，需分行业、分区域逐步建立 VOCs 的工业固定源的国家排放清单，建立和完善源头管控、过程控制和末端治理的技术规范。依法管理，开展技术综合评估，制订技术选择方案。尽早制定《重点行业 VOCs 排放控制技术指南》，鼓励开发高效实用的 VOCs 污染控制与监控技术和设备，推进成果推广转化。加强国外经验借鉴研究，逐步完善针对移动源、消费源、面源 VOCs 污染的技术防治方案。

5．发挥环保技术国际智汇平台作用推动 VOCs 综合管控

鉴于目前 VOCs 管控的严峻性、企业面临的巨大减排压力以及第三方加入的难控性，应充分发挥环保技术国际智汇平台（以下简称"平台"）的作用集聚各方资源推动 VOCs 综合管控。该平台为集水、大气、土壤等各领域于一体的环境污染防治综合服务平台，平台运用当前互联网技术，结合大数据理念，集合国内外 VOCs 管控理念、经验和先进技术，围绕 VOCs 各行业特点、各污染物元素特征、各地区重点问题，根据国内 VOCs 排污和管控的地方政府、产业园、企业、各管理人士需求，可为 VOCs 管控提供综合解决方案。利用平台促进国内外环保经验、技术交流合作，推动我国 VOCs 综合管控理念的形成，如与 NO_x 的协同控制，或与其他污染物综合管理，利用平台集聚特色和互联网+的全球性，为 VOCs 的污染防治工作提供全方位支持，开展和促进 VOCs 综合整治。

第二篇
水污染防治

基于水经济学理论的长江经济带
绿色发展策略与建议[*]

杨 倩 胡 锋

2016 年 1 月 5 日，习近平总书记在重庆推动长江经济带发展座谈会上强调，长江既是中华民族的生命河，也是中华民族发展的重要支撑，推动长江经济带发展必须从中华民族长远利益考虑，使母亲河永葆生机活力。3 月 25 日，《长江经济带发展规划纲要》审议通过，强调长江经济带发展的战略定位必须坚持生态优先、绿色发展，共抓大保护，不搞大开发，要在改革创新和发展新动能上做"加法"，在淘汰落后过剩产能上做"减法"。长江经济带，作为人口最多、经济最活跃的地区之一，对国家经济、环境、水安全、粮食安全和能源安全都具有深远意义。要实现生态优先、绿色发展，需要探索如何平衡水资源利用、分配以及水污染防治与经济发展之间的关系，统筹运用技术、政策及金融创新手段，协调水、能源、气候三个方面决策。深刻理解长江经济带水与经济发展之间的关系（或称为"水经济学"），对于推动制定面向未来的水政策至关重要。本文将从水经济学角度分析长江经济带的经济环境现状和挑战，并给出政策建议。

一、水经济学概述，以 G20 国家为例

1. 水经济学概况

水是发展的基本要素。合理的经济结构有助于水资源有限的国家缓解其水资源压力。图 1 分析了 G20 国家的人均 GDP、人均用水量以及 GDP 构成。总体而言，农业占比较高的国家处于左下象限，用水较少且 GDP 不高，服务业占比较高的国家用水更多、GDP 也更高。G20 国家在保障粮食安全的同时，利用较少的水实现了经济增长的经验，值得我们借鉴。

---

* 《环境保护对外合作中心通讯》2016 年第 10 期。

用水状况反映经济发展：转变 GDP 结构非常重要
（G20 人均用水量与人均 GDP）

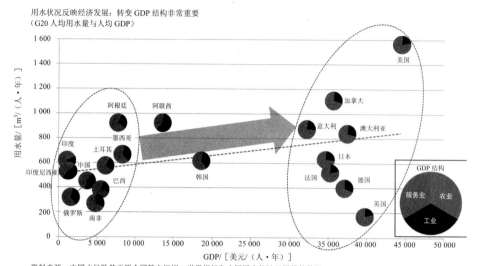

资料来源：中国水风险基于联合国粮农组织、世界银行和中国国家统计局提供的数据。
注：上述为各国最近可得的关于用水情况的数据（2000 年至 2004 年不等）。GDP 采取的是以 2005 年不变美元价格计算的数据。

图 1　G20 国家的人均 GDP、人均用水量以及 GDP 构成

2．通过进口而减少国内用水量

一些发达国家主要是通过较高的外部水足迹（也就是进口水资源密集型，即用水较多的产品），"外包"一部分国内用水需求，从而利用有限的水资源实现了经济发展。从图 2 可知，高 GDP、高外部水足迹的国家，如日本、法国、德国和英国，通过较高的外部水足迹，成功实现了较高的 GDP 和较低的国内用水量。高 GDP、低外部水足迹的国家，如美国、加拿大和澳大利亚，基本是自给自足，其内部水足迹占国家水足迹的比例分别为 80%、79% 和 88%，国内用水量较高。低 GDP、低外部水足迹的国家，如中国和印度，人均 GDP 较低，水资源方面也基本自给自足，内部水足迹占各自国家水足迹的比例分别高达 90% 和 97%。

二、长江经济带的水经济学

1．经济和水安全总体情况

长江经济带是推动中国经济发展的引擎。2014 年，长江经济带的 11 个省（市）占全国人口的 43%，GDP 达 28 万亿元，占全国的 42%。此外，在诸多行业及关系到粮食和能源安全的主要产品中占据了主导地位。如农业上，大米产量（65%）、农药产量（58%）及化肥产量（51%）；能源上，发电量（40%）及水电量（73%）；建筑材料中，水泥产量（48%）、原生塑料产量（40%）及粗钢产量（35%）；纺织服装方面，化纤产量（81%）及布产量（59%）。

外包用水量-通过进口削减国内的用水量
（G20国家人均用水量与人均GDP的比较）

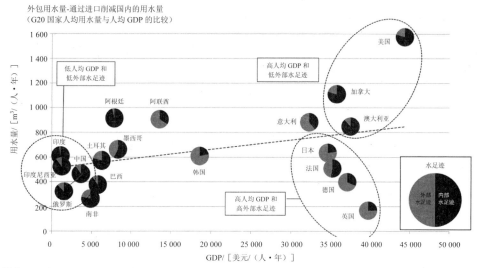

资料来源：中国水风险基于联合国粮农组织、世界银行、中国国家统计局和水足迹网络提供的数据。

注：上述为各国最近可得的关于用水情况的数据（2000年至2004年不等），GDP采取的是以2005年不变美元价格计算的数据。

图2 G20国家通过进口削减国内的用水量

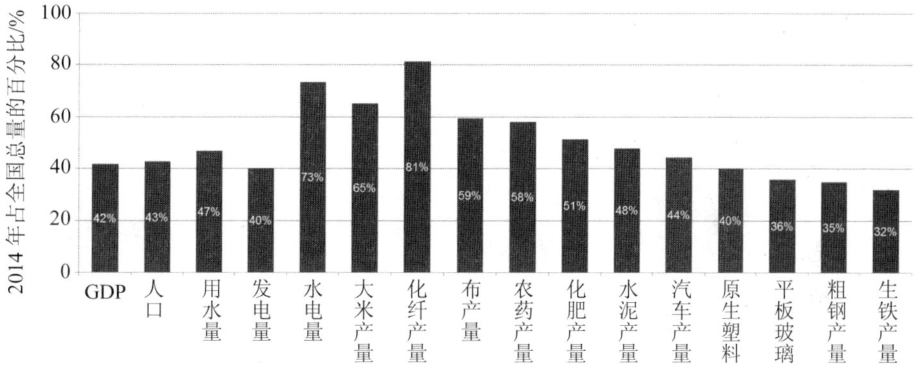

资料来源：中国水风险基于国家统计局统计年鉴数据。

图3 长江经济带的重要性体现在多个经济门类

然而，长江经济带在制造业的主导地位也意味着巨大的资源利用和对生态环境带来的巨大压力。就水而言，长江经济带2014年的用水量占全国用水总量的47%，共计约3 230亿 m³；废水排放量占全国排放总量的43%，达到约308亿 t。过去10年中，长江经济带废水排放量的年复合增长率为3.40%，略低于4.03%的全国平均水平；用水量的年复合增长率增长为1.03%，略高于0.94%的全国平均水平。基于国家水资源管理"三条红线"政策，若要保证不超过2020年用水总量上限，2015—2020年用水量年复合增长率必须控制在1.08%以下；而2030年全国用水总量控制在 7 000 亿 m^3 以内的红线目标则意味着,2020—2030 年的年复合增长率要更低,必须控制在 0.44% 以下。此外,长江经济带工业行业的用水效率较低:2014 年单位工业增加值的平均用水量比全国平均水平高出 24.9%(长江经济带工业、农业和生活用水占用水总量比例分别为 31.7%、53.4% 和 13.8%,若将农业和服务行业计入在内,长江经济带的单位 GDP 用水量则比全国平均水平低 4.6%)。因此,长江经济带应进一步提高工业用水效率,重新布局其工业、农作物结构和能源结构。

2. 经济和水资源环境特点与挑战

(1)经济发展不平衡

2014 年,中国人均 GDP 为 46 629 元,长江经济带为 48 727 元,略高于全国平均水平。但长江中、上游地区与长江三角洲地区之间存在着巨大差异。如图 4 所示,长江三角洲在长江经济带的三大地区中最为富裕,人均 GDP 高达 81 055 元,是中上游地区的两倍多。2014 年,长江三角洲的 GDP 总量达到 12.9 万亿元,占全国 GDP 的 1/5(图 5),也是长江经济带 GDP 总量的 45%。自 2000 年开始,长江三角洲已成为长江经济带经济发展龙头地区;但"十二五"以来,中、上游地区的 GDP 增长率已赶超长江三角洲。

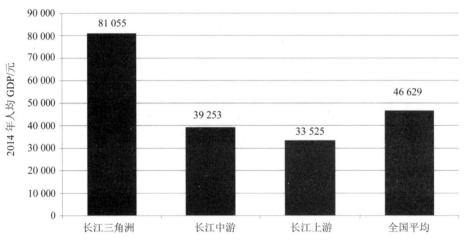

资料来源:中国水风险基于国家统计局统计年鉴数据。

图 4　长江经济带三个地区与全国平均值比较

(2)水污染防治难度大

2014 年,长江三角洲、长江中游地区和长江上游地区的排污量分别占到长江经济带排污总量的 40%、36% 和 24%。过去 10 年,3 个地区排放的废水排放绝对量均呈上升趋势;"十二五"时期,"长三角"的废水排放量增速基本持平,而中游地区的增速仍呈上升趋势,但相比"十一五"时期有所减慢;上游地区废水排放量的增速已超过其他两个地区。由于农业和工业是水污染的主要来源（图6），与中、上游地区相比，长江三角洲的第一产业（即农林渔牧业）和第二产业（即工业）比重较小，因此该地区废水排放增速变化不大，而中、上游地区废水排放量增加较快。同时，中、上游地区的污水处理基础设施仍比较落后，尤其是上游地区：2014年上游地区城市污水日处理能力为1 160万 m^3，仅为长江三角洲的1/3、中游地区的1/2。将上游地区的污水处理能力提升到长江三角洲的水平，需要大量资金和时间。而通过调整经济结构减少对水资源和环境质量的影响，则需要更长时间。

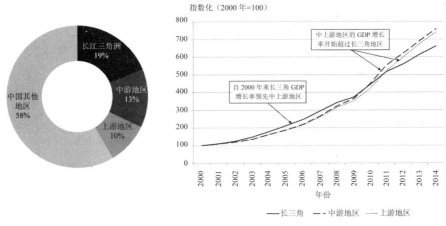

资料来源：中国水风险基于国家统计局统计年鉴数据。

图5　长江经济带各区域GDP及增长率比较

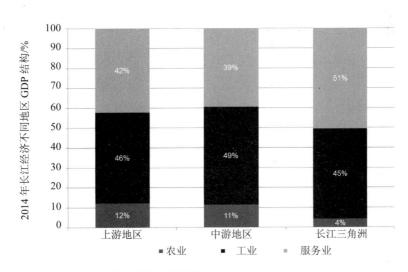

资料来源：中国水风险基于国家统计局统计年鉴数据。

图6　2014年长江经济带不同地区的GDP结构

（3）重金属排放量大

通过数据分析，长江经济带的重金属排放情况也令人担忧。长江经济带的废水排放量占全国的 43%。虽然该比例与其人口和经济在全国的贡献比例相当，但其废水中的重金属排放量占全国的比例很高，尤其是镉（63%）、砷（62%）和铅（59%）的排放量。其中，由于产业结构原因，湖南和湖北的镉、砷和铅排放量分别占到整个长江经济带各对应排放量的 69%、71% 和 63%。但湖南、湖北两省是我国重要的粮食产地，因此，重金属污染使我国总体粮食安全存在安全隐患。

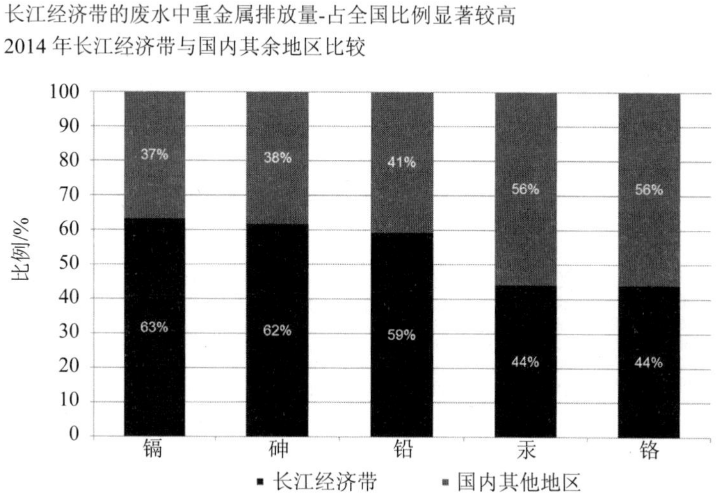

长江经济带的废水中重金属排放量-占全国比例显著较高
2014 年长江经济带与国内其余地区比较

资料来源：中国水风险基于国家统计局统计年鉴数据。

图 7　长江经济带的废水中重金属排放量占全国的比例

（4）水污染会加重长三角地区水资源紧缺

长江三角洲正面临着巨大的水资源压力。根据联合国的定义，若一个地区的用水量与水资源可利用量（WTA）的比值大于 20%，即表示该地区面临中—高水资源压力，大于 40% 则表示高水资源压力。2014 年，全国的水资源压力指标为 22%，但长江经济带各省份的 WTA 数值则相差较大。如图 8 所示，处于长江三角洲的上海和江苏是长江经济带省市中水资源压力最高的两个，WTA 比值分别高达 225% 和 148%，面临着极高的水资源压力。因此，尽管两者的单位 GDP 废水排放量在长江经济带各省市中处于最低，但仍需在水污染防治方面付出更多努力，以避免水资源压力加剧。而对于长江经济带的其他地区，只有位于中游地区的安徽和湖北面临着中—高水资源压力。

2014 年用水量/水资源可利用量

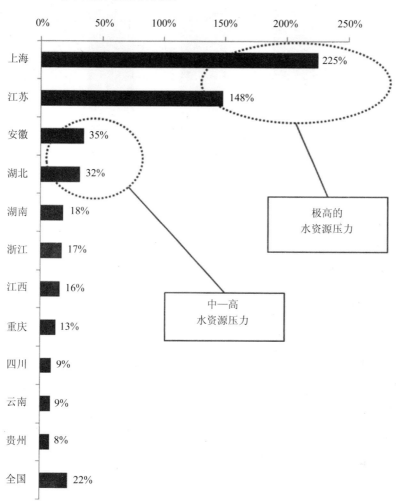

资料来源：中国水风险基于国家统计局统计年鉴数据。

图 8　长江经济带各省水资源压力指标（用水量/水资源可利用量）

　　长江经济带的水资源基本上是地表水。如在长江三角洲，地表水占其水资源总量的 92%。由于地表水大部分来自长江水系，因此控制长江流域的污染尤其重要。另外，如图 9 所示，长江经济带三个地区的供水也高度依赖于地表水。其中，长江三角洲对地表水的依赖度最高，约 98%的供水来自地表水。

　　沿长江水系带来的污染（尤其是重金属污染）不可避免地影响长江三角洲的供水水质。对于拥有 1.59 亿人口、GDP 贡献占全国 1/5 的长江三角洲而言，其水安全必须得到保障。

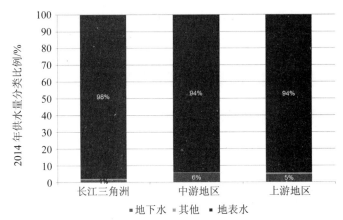

资料来源：中国水风险基于国家统计局统计年鉴数据。

图 9　长江经济带三个地区的供水对地表水的依赖度

三、政策建议

1. 平衡经济发展与水资源合理利用及水污染防治的关系

如前所述，能够保障单位 GDP 用水量和废水排放量低的经济结构会是首选。通过对长江经济带三大地区的每万元 GDP 的用水量和废水排放量进行比较，并综合考虑农业、工业和服务业对 GDP 的贡献，结果如图 10 所示。

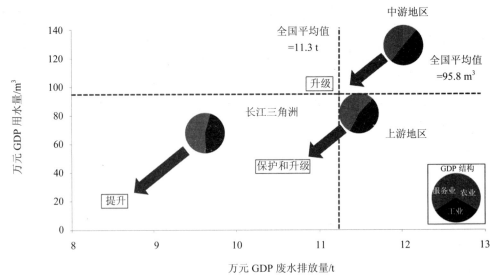

资料来源：中国水风险基于国家统计局统计年鉴数据。

图 10　2014 年长江经济带三大地区每万元 GDP 用水量和废水排放量比较

从图 10 可以看出，为实现相同的 GDP，中游地区在三个地区中单位用水量和排污量都是最高的；上游地区的用水效率略优于全国平均水平，但废水排放较多；长江三角洲无论在用水效率还是排污方面都优于全国平均水平。

为平衡经济发展和用水及废水排放之间的关系，从宏观上可采取以下三大策略：①升级中上游地区的工业技术，使其达到长江三角洲工业的效率水平；②保护上游地区水源不受污染；③提升长江三角洲在节水和污染减排方面的能力水平。

2．优化产业结构和农作物结构

长江经济带各省市单位 GDP 的废水排放量和用水量差距很大。例如，处于长江三角洲的江苏，其 GDP 在长江经济带各省市中最高，单位 GDP 废水排放量最低。但是，单位 GDP 用水量较高。

从经济来看，中国 GDP 排名前三的省份分别为广东、江苏、山东。江苏和山东的 GDP 总值相近，结构也很类似。如图 11 左图所示，江苏和山东的 GDP 分别占全国 GDP 总值的 9.5% 和 8.7%。虽然两省都是我国排名前五的农业大省，但农业在二者 GDP 中的份额均很小，工业和服务业所占的份额均比较大。

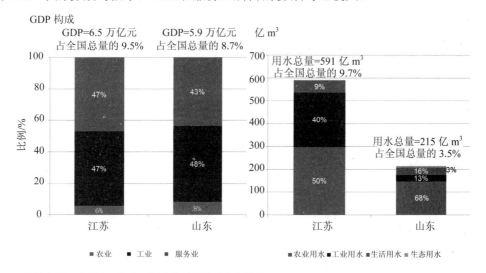

资料来源：中国水风险基于国家统计局统计年鉴数据。

图 11　2014 年江苏与山东的 GDP 构成及用水结构比较

从用水来看，山东实现 5.9 万亿元 GDP 仅用了 215 亿 m³ 的水，而江苏实现 6.5 万亿元 GDP 用了 591 亿 m³ 水（图 11）。简而言之，江苏省用了几乎 3 倍于山东的水，却仅比山东多实现了 9.2% 的 GDP。而且，山东三大产业用水效率均更高。其中，山东农业用水量只有江苏的一半，工业用水量更是仅为江苏的 12%。

江苏和山东用水方面巨大差异的原因很多，包括农作物结构、工业结构、当地与水相关的法律法规的执行情况、生产技术水平等。另外，也因为山东本身的水资源总量仅为江苏的 1/3。因此，尽管江苏在长江三角洲用水量不算高，但与山东相比，仍有很大压缩空间。而且，因为两省都面临着很高的水资源压力，2014 年的 WTA 比值分别达到了 148% 和 145%，江苏和山东都需要提升用水效率。

为进一步提升江苏及其他长江三角洲省（市）的单位 GDP 用水和排污管理水平，有必要针对各自的产业结构和农作物结构做更多深入研究，找到对水资源环境和经济增长而言都更佳的组合。此外，通过利用国内和国际贸易，也有助于更好地管理自身的水资源，进一步优化经济增长方式。

3．通过优化生产布局、调整进出口结构以及推动资源循环利用来管理水资源——以纺织原材料为例

通过优化生产布局，基于水资源环境因素调整进出口结构，以及推动资源循环利用，可以进一步优化水管理和经济增长。以长江经济带的重要产品——纺织原材料为例：棉花和化纤是重要的纺织原料，占全球服装面料的 90% 以上。其中，全球 43% 的棉花在我国种植或通过进口进入国内的生产环节；全球 2/3 的化纤由我国生产，全球一半以上的化纤来自长江三角洲，长江经济带化纤产量占全国的 81%。过去十几年，我国棉花和化纤的产量、进口量及占全球产量的份额都在持续增长（图 12）。

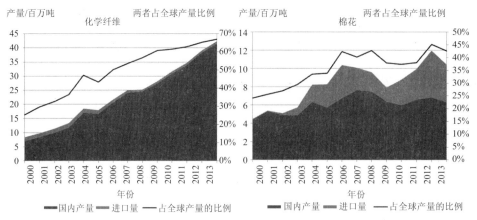

资料来源：中国水风险基于国家统计局、欧洲人造纤维协会、联合国贸易商品统计数据库和联合国粮农组织的数据计算所得。图的英文版最初发表于中国水风险网站 2015 年 9 月 15 日的文章：http://chinawaterrisk.org/resources/analysis-reviews/still-exposed-fashion-materials-in-china。

图 12　2000—2013 年全球纺织原材料对中国的依赖

棉花生产需要消耗大量水，也会带来较严重的农业污染问题。因此，可通过进口更多棉花，缓解长江三角洲的水资源环境压力并腾出耕地来种植粮食作物。例如，

据估算，如果华北平原不种棉花，那将"腾出"150 万 hm^2 的耕地和约 95 亿 m^3 水，相当于南水北调工程中线（一期）的年均调水量。与此同时，从生产棉花转向生产更多的化纤面料，也可有助于降低用水需求。

此外，长江经济带地区可优先通过推动纺织废料的回收利用来寻求新的增长点。据中国纺织工业联合会称，如果我国回收利用每年产生的 2 600 万 t 的纺织废料，将可节约多达 1/3 的棉花种植面积，并带来多重效益，如遏制农业水污染和土壤污染，减少用水量，节约耕地面积以保障粮食安全，缓解垃圾填埋场压力。但截至目前，我国纺织废料的回用率仍低于 1%，推动循环经济仍有很大空间。

德国污水处理费用分析及对我国的启示

杨 倩

德意志联邦共和国位于西欧中部，人口密集，工业化程度高。尽管如此，德国极少发生缺水问题，主要是因为德国是废水处理和回用率最高的欧洲国家，家庭或公众排放的废水中有 96%由污水处理厂处理。德国运用严格的法律法规、先进的废水处理技术、发达健全的污水管网、科学合理的经济手段确保了水资源的可持续利用、水质的改善和保持。

一、德国污水处理概况

1. 可供水量和用水量

德国是水资源非常丰富的国家，可供水量为 1 880 亿 m^3。根据 2010 年数据，从地下水和地表水水体中抽取的用于工业和供给家庭使用的水量为 331 亿 m^3——不及可用供水量的 20%，也就是说，80%以上的可用水资源目前仍然是没有被使用的。其中，公共供水系统仅抽取了约 51 亿 m^3 的水来供应饮水人口，地下水是最重要的饮用水水源。采矿业和制造业是第二大用水产业，共抽取了 68 亿 m^3 的水。热电厂的水需求量最大——能源生产使用了约 207 亿 m^3 的冷却水。在德国，农业用水所占的比重很小（图 1）。

德国各城市自行供水，由市政部门或委托第三方在市政府的监管下完成供水，即国有和私营公司共同完成供水工作。最近，私营公司的数目有所增长，它们现在占水务公司比例达到 40%以上，供水量占到总供水量的 60%以上。

根据 2010 年数据，德国供水厂有 6 000 多家，员工约 6 万人，供水管网长度达530 000 km，这些硬件设施投资约 22 亿欧元。两人家庭每户平均年支出为 206 欧元。

在过去 20 年中，德国饮用水消耗量降低了 18%，2010 年每人每天用水量为121 L。下降的原因主要是使用了节水电器和设备、提供了消费者意识、采取了按水消耗定价的水价机制。

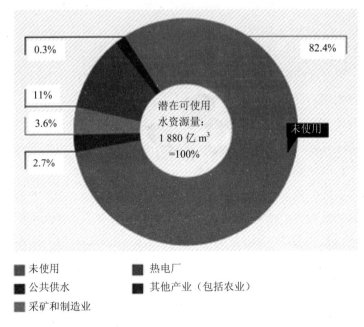

资料来源：德国联邦统计局 2013。

图1　2010年德国可供水量和水使用量分布

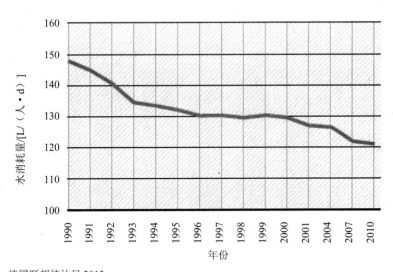

资料来源：德国联邦统计局 2013。

图2　德国个人水消耗量趋势图

2. 公共污水处理

在德国，家庭、工业、贸易产业每年产生污水 50 多亿 m^3。另外，大约 30 亿 m^3 来自铺砌的表面和道路的雨水也排放到污水处理厂中，还有大量渗入水通过渗漏进入下水道系统，污水、雨水、渗入水占比几乎相等。2010 年，在公共污水处理厂处理的废水达到 100 亿 m³。在德国，未经处理的废水不管是来自家庭、贸易还是大型工业产业，都不允许将之排放到河流或湖泊。污水处理厂几乎全部采用的是生物废水处理技术，所处理的废水中，只有 0.1% 进行了机械处理，1.9% 进行了无营养物去除工艺的生物处理，而 98% 则经过了针对性营养物去除的生物处理。保障公共供水和公共废水处理是联邦、区域和地方政府在制定环境政策时设立的两个核心任务之一（德国联邦环境署，2013）。德国《联邦水法》规定，必须用最佳可用技术削减排出水中含有的污染物数量。

德国拥有 6 900 多个市政废水处理公司和总共 10 000 个废水处理厂，所以其废水行业竞争异常激烈。目前大约 7 800 万居民连接到了中央市政集中市政污水厂。另外，在市政污水处理厂处理的工业、商业、农业等产业的污水量为 3 000 万人口当量。近些年，由于废水处理厂的大量扩建，以及增加利用下水道系统、市政机械生化水处理厂、选择性脱氮除磷处理厂（执行《欧盟城镇废水处理指令》附录 1 和指令 91/271/EEC）等，生物水的质量得到了极大的改善。2002—2011 年，氮去除率从 64% 增加到 82%。2011 年，国家平均磷出去除率达到 91%，《欧盟城镇废水处理指令》要求这两种物质均减少 75%。总而言之，从全国情况看，德国达到或明显超过了《欧洲城市废水处理指令》的要求。

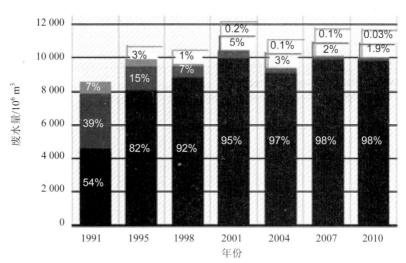

资料来源：德国联邦统计局 2013。

图 3　德国公共污水处理厂中运用不同技术处理的废水量

废水处理厂接近 10 000 家，员工约为 4 万人，处理废水量为 101 亿 m³（52 亿 m³ 废水和 49 亿 m³ 雨水及下水道渗入水），公共污水管网长度约为 540 000 km，雨水排放系统约 66 000 km，这些硬件投资为 44 亿欧元。

二、德国污水处理费用分析

1. 德国的排污收费制度——污染者付费原则

德国《污水排放费用法》（AbWAG）于 1976 年 9 月 13 日颁布，1978 年 1 月 1 日生效，截至 1981 年 1 月 1 日付费义务方正式生效。该法律已经过数次彻底修订，最新版本于 2005 年 1 月 18 日颁布。《污水排放费用法》与水监管法律，尤其是《联邦水法》密切相关，它补充了该法关于污水收费的内容。该项收费作为一项经济手段发挥作用，针对的群体对象包括直接向水体排放污水的机构，尤其是市政部门和直接排污的工业生产商。

相关污水费用是首次全国适用的环境收费，具有指导功能。它实现了"污染者付费"原则的实际应用，因为它要求直接排污的生产者对使用的水至少支付部分费用，而环境介质费则以所排放特定物质的数量以及该等物质的危害程度为依据。每单位损害的收费标准按几个阶梯逐级增加，从 1981 年的 12 德国马克到 1991 年 1 月 1 日的 70 德国马克，1995 年以后收费金额为 35.79 欧元（2002 年 1 月 1 日货币改为欧元）。收费的目的在于提供经济上的激励，以最大可能减少污水排放。为此，《污水排放费用法》还规定当应缴费方满足某些最低要求时，可降低收费标准。此外，某些类型的改进污水处理方法的投资也可享受一定的费用减免。污水费将缴纳给各个州，再用于为水体的水质保护措施提供资金。

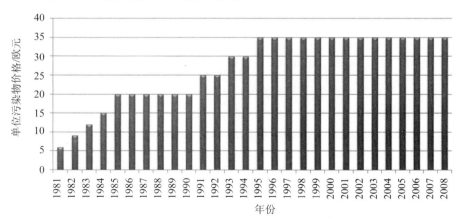

数据来源：《污水排放费用法》（AbWAG）。

图 4　1981 年至今单位污染物价格

截至 1991 年 1 月 1 日，根据《污水排放费用法》第三版，已对以下参数指标进行收费：COD（化学需氧量）和 AOX（可吸附有机卤化物）的总量指标；有效鱼毒性指标；磷、氮（无机）、汞、镉、铬、镍、铅和铜各单项指标（表 1）。

表 1　《污水排放费用法》项下的污染物和毒性单位

编号	评估的污染物和污染物组	以下测量单位对应于一个毒性单位
1	化学需氧量（COD）中的可氧化物质	50 kg 氧
2	磷	3 kg
3	氮、硝态氮、亚硝态氧和氨态氮各单项量的总量	25 kg
4	作为可吸附有卤化物（AOX）的有机卤化物	2 kg 卤素，以有机固定氯计
5	金属及其化合物	
5.1	汞	20 g
5.2	镉	100 g
5.3	铬	500 g
5.4	镍	500 g
5.5	铅	500 g
5.6	铜	1 000 g 金属
6	鱼毒性	6 000 m³ 污水除以 G_{EI}

G_{EI} 是鱼卵试验中污水不再具有毒性时的稀释因子。表 1 中的数据以按照 2004 年 6 月 17 日颁布的《污水条例》版本附录"分析与测定技术"中相关数字进行的污水毒性测定程序为依据（《联邦法律公报 I》，第 1108 页，第 2625 页）。

2．德国水源提取税的实施

水源提取税"Wasserentnahmeentgelt"，也常称为"水分"，该税种在除黑森州和图林根州以外的其他各州推行。公用水事业部门在其计算的供水服务费用以外收取额外费用。收费范围从每立方米提取水 1.5～31 欧分不等。盈余部分用于资助与农民的合作项目、环保意识宣传活动、赔偿农民损失以及推广环保型化肥和农药使用，从而保护地下水资源。表 2 列出了德国联邦各州的水源提取税。

表 2　德国联邦各州的水源提取税（以每立方米提取饮用水水分计）

联邦州	水分/欧分	备注
巴登-符腾堡	5.1	自 1988 年起（"SchALVo"）
巴伐利亚	0	
柏林	31	
勃兰登堡	12.3	自 1994 年起，曾两次调高
不来梅	3	自 1993 年起

联邦州	水分/欧分	备注
汉堡	6 或 7	约 12 年
黑森	0	自 2003 年起
梅克伦堡-前波莫瑞	1.8	继续执行之前的 DDR 合约
下萨克森	5.1	
北莱茵-威斯特法伦	4.5	自 2004 年 2 月 1 日起
莱茵兰-普法尔茨	5	
萨克森	1，5	
石勒苏益格-荷尔斯泰因	5 或 11	自 2004 年 1 月 1 日起，一般最终用户收取 11，对每个合约期（一年）用水量超过 1 500 m³ 的工业用户收取 5
图林根	0	

3．德国污水处理费用的组成

德国的污水处理费用由人工运行费、其他运行费、出水污水排放费、折旧费、贷款利息组成（不包含中水回用的价格）。从德国污水处理协会（ATV）得到 1997 年整个德国污水处理费为 4.56 马克/m³。根据 ATV1997 年的调查，德国污水处理费组成见表 3。

表 3　ATV1997 年调查的德国污水处理费组成

组成	人工运行费	其他运行费	出水污水排放费	折旧费	贷款利息	总的费用
比例/%	16.4	25.9	3.3	25.3	29.1	100

德国 1996 年污水厂人工的平均费用大约为 7 400 马克/（a·人），工作的费用为 48 马克/h。我国虽单人工资低，但由于污水处理厂的人员相对较多，总的人工费用相对并不太低。

处理原材料费用包括沉淀/絮凝剂费用、润滑油、加热油和水费。

污水处理厂所需能耗由进水泵房的能耗、曝气池能耗、其他能耗（污泥脱水，加热等）组成。污水厂是最大的用电产业之一。德国有大约 10 000 个市政污水处理厂，每年耗电量大约为 3 200 GW·h，相当于一个典型现代火电厂的产能。具体耗电量取决于污水厂的产能。如图 5 所示，相对规模更小的污水处理厂而言，第 4 和第 5 类污水处理厂的单位耗电量低得多。仅仅只有 2 200 个第 4 和第 5 类污水处理厂，但是他们处理的废水量占总人口当量的 92%，耗电量占总耗电量的 90%。目前，市政污水处理厂的耗电量水平相当于约 220 亿 t 二氧化碳排放量。

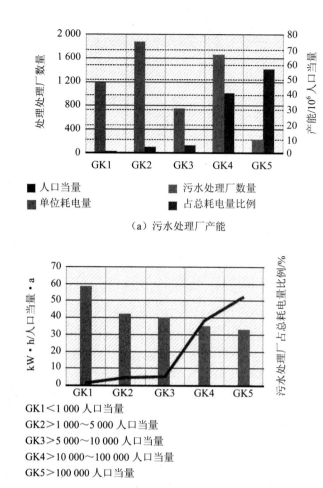

（a）污水处理厂产能

GK1＜1 000 人口当量

GK2＞1 000～5 000 人口当量

GK3＞5 000～10 000 人口当量

GK4＞10 000～100 000 人口当量

GK5＞100 000 人口当量

（b）公共污水处理厂耗电量

资料来源：德国水、污水和废物处理协会，2011。

图 5　德国不同规模的污水处理厂产能和耗电量

根据德国 ATV 的统计，污水处理厂规模越大，维护费用所占污水处理费用的比例越小，约在 4%。根据德国 ATV 的标准，如果污水厂的使用寿命 25 年，更新费用约占投资费用的 20%。我国污水处理厂由于设备整体水平（包括引进设备）和管理水平低，一般的寿命年限以 20 年计算，维护费用也比较高。

废物处置费用包括沉砂、栅渣、污泥等处置费用。在德国，一般将沉砂堆积、堆肥或经冲洗后用于建筑材料。污泥主要通过农田处置、建筑材料、焚烧和堆积等形式处置。

在管理方面，德国污水厂的管理费用占 12%。

综上所述，德国由于其本国总的消费和劳动力成本较高，污水处理厂的设备技术等先进，因而增加了污水处理厂的建设投资和运行费用，但也明显降低了设备的维护和更新费用。

4. 德国居民人均污水排放支出

根据 2010 年数据,两人家庭每户在供水方面平均年支出为 206 欧元。2000—2005年,德国居民人均污水排放支出升幅达 13.2%,高于居民消费价格总体上涨率 8.3%。人均污水排放支出主要在 2003 年显著上涨,年涨幅达 6.9%;而在其他年份仍是人均污水排放支出涨幅略低或大致相当于 CPI 涨幅。2005 年德国居民人均污水排放年支出额为 129 欧元。从国际比较看,2003 年德国居民人均污水排放支出 111 欧元,高于英格兰/威尔士的 93 欧元和法国的 90 欧元。2010 年,两人家庭每户在污水排放方面平均年支出为 243 欧元。

5. 德国污水处理费用数值

污水处理费用是由当地的具体情况来决定的,它是污水收集、净化处理及排放等各项费用的总和,还受到地形条件和当地经济环境的影响,其中影响最大的是各地不断提高的污水处理要求。1996 年德国的污水处理费用在 0.5~11.54 马克/m³,平均费用为 4.40 马克/m³。表 6 显示了德国 1991—1996 年污水处理费用呈逐年上升趋势。当前,德国和欧洲的城市污水处理要求日趋严格,修缮下水管网,保护地下水不受污染的措施,使污水处理费用不断上涨,在污水处理上的投入也相应增加。

在德国,供水和污水处理行业没有统一的税率。一个相对其他行业较低的 7%的销售税率适用于供水行业,少量注册为市政机构的主体免除销售税;至于污水处理行业,情况就多样化。属公共部门的污水处理机构被免除所得税和销售税;如果污水是由适用私人法的公司来开展,那就适用 19%的增值税率。

表4　1991—1996 年污水处理费用的上升趋势

年份	上升幅度/%	
	原东德地区	原西德地区
1991	0	0
1992	22	10
1993	50.6	25.6
1994	65.5	40.3
1995	85.6	51.8
1996	97.8	58.2

注:以 1991 年的费用为基准。

目前,德国饮用水费用 1~1.5 欧元/m³;废水处理费用 2~3 欧元/m³,其中包括污泥的处理处置费用,但是不包含中水回用的费用,因为德国还没有大规模的使用中水。

三、我国污水处理技术标准及费用构成

1. 我国污水处理概况

据不完全统计，截至 2013 年年底我国已建成各类污水处理设施 6 124 处，其中城镇污水处理厂 3 926 座、工业园区污水处理设施 492 处、分散型污水处理设施 1 706 处。这些污水处理设施的总处理能力为 1.66 亿 t/d，2013 年共处理各类污水 451.6 亿 t，其中城镇生活污水 398 亿 t，工业生产废水 53.6 亿 t，平均负荷率 74.4%。由于我国幅员辽阔，各地的自然、社会经济条件存在显著差别，污水处理设施的建设在数量、工艺、规模、运行状态方面均存在较大区别。

2. 我国的污水处理技术与出水标准

随着污水处理技术的发展，已有多种污水处理技术在我国污水处理厂中得到了应用和发展，如污水预处理的絮凝沉淀法和电催化氧化法等，二级处理的工艺、工艺、氧化沟工艺、生物膜工艺、土地处理工艺等，深度处理的人工湿地技术、曝气生物池技术、活性炭吸附法、臭氧技术、膜技术等。同时，随着我国《城镇污水处理厂污染物排放标准》（GB 18918—2002）的实施，以及我国污水处理事业所面临的污水处理厂建设运行费用高问题、小城镇的水污染问题及污泥处理问题，我国的污水处理工艺向着具有脱氮除磷功能、高效低耗、成熟可靠、适用于小城镇污水处理厂、污泥产量少且能使污泥达到稳定的方向发展。

表5　中国与德国污水处理的出水标准对比

项目参数	单位	典型进水值（地区有差异）	中国出水标准一级 B	中国出水标准一级 A（2015）	中国出水标准进阶标准（2018）	比较：德国出水值 * **
COD_{Cr}	mg/L	300～500	60	50	30	75
BOD_5	mg/L	150～250	20	10	6	15
SS	mg/L	200～300	20	10	5	—
NH_3-H	mg/L	35～60	8	5	1.5	10
TN	mg/L	40～80	20	15	15/10	13
TP	mg/L	5～10	1	0.5	0.3	1

注：*五级水厂——6 000 kg/d BOD_5 相当于 10 万居民当量；

　　** 基础：在德国 2 h 混合采样/在中国 24 h 混合采样。

3. 我国的污水处理收费现状

目前，我国一般城市污水处理厂的运行成本为 0.4～0.6 元/m³ 水，加上贷款利息

和折旧等后，运行成本达 1.0 元/m³ 水以上。目前中国污水处理厂污水处理费用在 0.82～0.96 元/m³，若加上污泥处理处置以及污水管网的折旧等费用，污水处理费用在 1.35～1.62 元/t。

近年来，虽然我国城市污水处理收费呈上涨趋势，但城镇污水处理收费价格仍普遍低于实际污水处理成本，导致部分已建成污水处理厂不能正常运行，许多污水处理厂处于亏损和停止运营的状态。

与德国相比，我国的污水处理收费存在的主要问题：一是污水处理成本核算体系不完善，缺少污泥处理、处置的费用构成；二是全国定价机制不健全，没有统一的标准；三是收费标准体系不统一；四是分档计费定价依据不足，如按污染程度处理的分档污水处理成本计价标准等；五是没有在满足污水处理标准的前提下，分区域制定不同的污水处理成本标准，应该按照东、中、西部地区制定针对区域的收费标准体系。

四、建议与启示

1. 研究污水排放标准，实施排污许可证制度

各行业、各地区的排污特点、污染特性等条件不同，执行统一的排放标准不能满足行业和区域点源污染物控制和环境质量控制和改善的具体要求。因此，国家应根据不同行业和地区制定和完善不同的排放标准。以排放标准为基础，对重点工业企业研究实施排污许可证制度，将各行业、各地区具体点源的达标要求和监测方案有针对性地、具体地、集中地明确在将要办的排污许可证上。

2. 建立市场化的城市污水处理厂运营机制，大力开发 PPP 项目

我国应该逐步改变以政府为主的管理现状，真正实现污水处理厂的企业化、市场化。通过公私合营、国际合作，从市场中募集资金，用于解决水污染治理、污水处理厂建设运营经费，弥补政府在水污染防治和水环境管理方面的资金缺口。

3. 完善污水处理收费体系，运用经济手段提高水环境质量

水环境管理价格主要包括三个部分：第一部分是水资源费或叫水权费；第二部分是生产成本和产权收益，就是工程水价；第三部分是水污染处理费，也可称环境水价。应规范污水处理成本构成，以全国范围内的水价提升以及水资源费改税为契机，严格核定污水处理成本，逐步提高污水成本，逐步提高污水处理费以及污水处理费占总水价的比重。完善污水处理厂运营成本的科目划分，保证所有成本列入污水处理厂的财务账户，认真做好污水处理成本各科目的审核，防止成本虚列，推动污水处理费的合理上涨。

非木材制浆造纸企业最佳可行技术/
最佳环境实践（BAT/BEP）改造案例分析[*]

宋博宇　任　永　孙阳昭　苏　畅

制浆造纸行业作为关系国民经济的重要基础产业，一度得到了快速蓬勃的发展。由于我国木材纤维短缺、非木材纤维相对丰富，与其他制浆造纸大国相比，我国制浆造纸行业非木材制浆比例较高。这些非木浆企业大多存在产能小、生产技术装备陈旧、工艺落后的现象，带来了一系列的环境污染、资源能源消耗高等问题，制约了行业的发展。

我国政府深刻意识到生态环境保护和经济绿色发展的重要性，出台了一系列涵盖制浆造纸等重点行业可持续发展和环境治理与改善的政策规划。为促进上述政策在制浆造纸行业有效落实，本文系统梳理了我国非木材制浆行业整体情况，分析总结了全球环境基金"中国制浆造纸行业二噁英减排项目"竹浆示范企业最佳可行技术/最佳环境实践（BAT/BEP）技术改造成效，提出了进一步推动行业工程减排的建议。

一、非木材制浆造纸行业现状及环境问题

制浆造纸行业是关系民生的重要轻工行业，也在一定程度上反映国民经济、社会和生态文明的建设水平。我国制浆造纸行业在经历了跨越式发展后，于 2009 年后逐步进入了深度调整期和转型期，产量也在近几年趋于稳定。目前我国纸浆年产量在 7 800 万～8 000 万 t，其中除废纸浆外的原生浆产量约为 1 700 万 t，约占全球原生浆产量的 10%；我国年人均消费量约为 70 kg，而主要发达国家的人均纸产品消费量均在 140～200 kg。从纸浆产量来看，我国已属制浆造纸大国，但是从人均纸产品消费量来看，我国与发达国家仍然存在一定差距，行业产能仍有提升空间。

按照制浆原料来源不同，原生浆一般分为木浆和非木浆。国外制浆行业主要以木浆为主，而我国由于森林资源匮乏，非木材资源相对比较丰富，且稻麦草秸秆和

---

* 《环境保护对外合作中心通讯》2016 年第 15 期。

蔗渣均是农业废物，有迫切的资源回收利用需求，因此包括造纸产业发展政策在内的相关政策文件均要求合理利用非木浆。目前我国非木材纤维占我国原生浆生产的40%～50%，预计今后非木浆的产量将会基本保持在这一比例。

受原料收集和历史生产规模影响，我国非木浆企业规模大多偏小，所使用的技术装备水平整体较低。除了几家龙头企业生产工艺和技术装备可以达到先进水平外，我国大部分非木浆生产企业仍以蒸球蒸煮、传统的洗涤筛选和元素氯漂白作为制浆生产工艺，给我国非木浆制浆造纸行业绿色发展带来了较大压力和挑战。一是污染防治任务重。制浆造纸行业仍是水体污染物的重要排放源。以 COD 为例，2014 年制浆造纸行业总的 COD 排放量为 47.8 万 t，占全国工业 COD 总排放量的 17.4%，而非木浆是行业 COD 等污染物的主要贡献者。此外，我国元素氯漂白工艺主要集中在非木浆生产过程中，约有 60%的非木浆仍使用该漂白工艺，产生的可吸附有机卤化物（AOX）和二噁英问题比较严重。元素氯漂白工艺 AOX 产生量一般为 3～5 kg/t浆，向水体排放的二噁英达到 10 μg（毒性当量）/t 浆，并有很大一部分二噁英留存在纸产品中。二是能耗与水耗较高。从技术装备的角度，由于我国大部分非木浆企业的技术装备水平仍处于较为落后状态，导致其生产过程中对于蒸汽和电能的消耗均大于使用先进生产设施和生产工艺的企业。从生产工艺来看，元素氯漂白大多数在低浓度条件下进行，水、蒸汽和化学品消耗量大，废水排放量大，设备运行时间长，生产规模受到限制。

二、BAT/BEP 改造案例研究

为推动我国非木材制浆造纸行业二噁英及其他污染物协同减排，促进行业绿色升级和可持续发展，环境保护部环境保护对外合作中心与世界银行合作开发了全球环境基金"中国制浆造纸行业二噁英减排项目"（以下简称"项目"）。该项目选择了典型非木材制浆企业开展 BAT/BEP 技术改造示范。现以竹浆企业为例，总结其技术改造后的环境效益及经济效益如下：

1. 企业基本情况及主要问题

该企业为林浆纸一体化企业，以竹子为制浆原料，采用元素氯制浆工艺进行纸浆生产，制浆规模 5.2 万 t/a，造纸规模 5.7 万 t/a，主导产品有漂白竹浆板、文化用纸、卫生原纸等多个规格品种。公司已运营多年，现主要存在以下问题：①制浆车间备料工段采用干法备料，原料中竹屑、泥沙等杂质含量高，原料洁净度低，造成制浆化学药品消耗量高、浆的质量较差，并对碱回收车间的正常运行造成一定影响；②制浆车间蒸煮工段为能耗高的蒸球、蒸煮系统，蒸汽消耗量高达 3.2 t（蒸汽）/t

（风干粗浆）；③制浆车间洗选漂工段生产工艺及设备比较落后，采用低浓振框式平筛进行除节，低浓 CX 筛进行筛选，以及"氯气漂白—碱抽提—次氯酸盐漂白—过氧化氢漂白低浓度四段漂"。以上生产工艺及技术装备造成洗涤筛选漂白系统的黑液提取率低、浆料洗净度差、用水量及漂白废水量较大，废水污染大，二噁英产生量多。

2. 企业技改内容

针对上述问题，项目结合企业特点对斯德哥尔摩公约最佳可行技术/最佳环境实践指南中推荐的技术进行筛选后，选择了无元素氯漂白工艺作为主要改造内容，确定了备料、蒸煮和洗涤筛选漂白等工段的技术改造方案。该技术改造活动共融资8 000 余万元人民币，其中全球环境基金赠款为 279.5 万美元，其余为企业自筹和银行贷款。企业具体改造内容如表 1 所示。

表 1　竹浆示范企业主要技改内容

工段	技改前	技改后	拟解决的主要问题
备料系统	采用干法备料	采用湿法备料	减少干法备料时料片中竹屑、泥沙等杂质含量高的弊端，增高料片洁净度，减少蒸煮用碱量，提升浆的质量，保证后续的碱回收车间正常运行
蒸煮系统	采用蒸球蒸煮	采用置换蒸煮	缩短蒸煮时间，提高蒸煮效率，进而节约蒸汽使用，减少能耗
洗选漂系统	采用低浓除节系统、筛选系统	采用中浓除节和中浓封闭筛选系统	减少水耗，增加了浆料洗净度
	采用低浓元素氯漂白	新增氧脱木素工段、采用中浓二氧化氯漂白	新增氧脱木素系统，减少进入漂白系统的浆料卡帕（Kappa）值，进而减少漂白工段化学品的用量；ECF 漂白工艺，减少二噁英和 AOX 的产生

3. 项目技改成效

（1）环境效益

企业技术改造后，各项环境指标得到一定改善（表2）。

表 2　企业技改前后主要污染物总排放量对比

项目	项目实施前		项目实施后		项目实施后年减排量	项目实施后年减排比例/%
	单位产品排放量	年排放量	单位产品排放量	年排放量		
总排放废水	72.00 m³/t 浆	374.40 万 m³/a	50.32 m³/t 浆	261.66 万 m³/a	112.74 万 m³/a	30.11
SS	2.52 kg/t 浆	131.04 t/a	1.31 kg/t 浆	68.12 t/a	62.92 t/a	48.02
COD$_{Cr}$	10.15 kg/t 浆	527.80 t/a	2.60 kg/t 浆	135.20 t/a	392.60 t/a	74.38
BOD$_5$	2.16kg/t 浆	112.32 t/a	0.72 kg/t 浆	37.44 t/a	74.88 t/a	66.67
氨氮	0.72kg/t 浆	37.44 t/a	0.19 kg/t 浆	9.88 t/a	27.56 t/a	73.61
总磷	0.072 kg/t 浆	3.74 t/a	0.002 7 kg/t 浆	0.14 t/a	3.60 t/a	96.25

项目	项目实施前		项目实施后		项目实施后年减排量	项目实施后年减排比例/%
	单位产品排放量	年排放量	单位产品排放量	年排放量		
总氮	0.86 kg/t 浆	44.72 t/a	0.28 kg/t 浆	14.56 t/a	30.16 t/a	67.44
漂白废水中的 AOX	0.42 kg/t 浆	21.84 t/a	0.006 kg/t 浆	0.31 t/a	21.53 t/a	98.57
漂白废水中的二噁英	343.6 ngTEQ/t 浆	17.87 mgTEQ/a	18.32 ngTEQ/t 浆	0.95 mgTEQ/a	16.92 mgTEQ/a	94.68
纸浆中的二噁英	840 ngTEQ/t 浆	43.80 mgTEQ/a	130 ngTEQ/t 浆	6.76 mgTEQ/a	36.92 mgTEQ/a	84.52
二噁英总量	1 183.6 ngTEQ/t 浆	61.55 mgTEQ/a	148.32 ngTEQ/t 浆	7.71 mgTEQ/a	53.83 mgTEQ/a	87.47

注：单位产品排放量按实测数据及检测时工况进行折算；年排放量根据单位产品排放量及设计产能进行折算。

由表 2 可以看出，项目通过增加氧脱木素工段以及采用无元素氯漂白工艺，从源头上减少了二噁英及 AOX 的产生；通过工艺改进及设备升级，用水量及其他常规污染物得到了有效降低。

另外，技改前制浆蒸煮采用的是蒸球蒸煮，放料方式为带压喷放，完成蒸煮后浆料中的气体以及洗选漂系统自然散发出来的废气均以无组织形式散排，对工作环境和周围环境均有影响。技改后采用冷态放锅的蒸煮模式，从源头上解决了喷放锅产生的废气污染。另外，随着工艺设备的改进，蒸汽用量减少，锅炉耗煤降低，SO_2 等污染物的排放量明显削减。该项目的实施还彻底消除了液氯库这一重大危险源，环境风险降低。技改后，项目所涉及化学品均不属剧毒化学品，不构成重大危险源。总体而言，技改后取得了较好的环境效益，消除了主要环境风险隐患。

（2）经济效益

企业技改后主要取得了三个方面的经济效益：一是降低了能耗。虽然新增化学品制备以及氧脱木素工段导致电耗有所增加，但是由于余热得到了综合利用、蒸煮时间缩短，使得企业技改后整体能耗降低。经测算，企业全年可节约标煤 9 500 余 t，相当于节约能源成本 500 余万元/a。二是降低了物耗成本。虽然技改后增加了二氧化氯制备所需的原料，但是通过工艺和设备改变，黑液中残碱利用率加大，清水用量减少，物耗成本已由 2 696.51 元/t 浆降低至 2 505.55 元/t 浆，全年相应节约物耗成本 900 万元左右。三是提升了产品质量。由于工艺路线的改变，减少了对纤维的损坏，纸浆白度及纤维强度方面有大幅提高，使吨浆产品售价在原基础上提高 100～150 元，较技改前每年可增收 500 万～700 万元。根据以上实际测算，企业虽然技术改造一次性投资较大，但是技术改造可为其带来长效收益。

从全球环境基金"中国制浆造纸行业二噁英减排项目"示范企业技术改造效果来看，对非木材制浆造纸企业进行 BAT/BEP 改造，技术和经济两个方面均可行：企业技术改造后不但可以减轻企业环保达标排放压力，有利于周边环境质量的改善，也可提升企业产品的核心竞争力，取得环境和经济双重效益。

三、进一步推动制浆造纸企业技术改造的建议

为解决制浆造纸行业的整体环境问题，我国在结构减排和管理减排等方面均开展了大量工作，如优化了产业布局，加强了落后产能淘汰，其中仅在"十二五"前四年，就淘汰了 2 900 万 t 制浆造纸落后产能；相继更新完善了《中华人民共和国环境保护法》《中华人民共和国水污染防治法》等法律法规，出台了相关配套环境标准和管理办法，加强了执法检查力度。而在工程减排方面，我国虽然在有关政策中提出要力争完成纸浆无元素氯漂白改造或采用其他低污染制浆技术，但是目前仍有部分企业处于观望状态而未进行改造，以最佳可行技术和清洁生产为基础的工程减排还有很大潜力。鉴于此，结合我国对于制浆造纸行业相关管理政策具体落实情况和造纸项目示范企业 BAT/BEP 改造效果，本文对进一步推动制浆造纸行业通过技术改造进行工程减排提出如下建议。

1. 深化调研，出台实施细则

为更好发挥《水污染防治行动计划》和《"十三五"生态环境保护规划》等相关政策引领作用，本文提出以下两点建议：一是建议相关部门深度研究行业情况，针对辖区内制浆造纸企业的原料来源、技术装备水平、融资能力、市场情况、污染物排放情况及周围生态环境等方面进行全面翔实的调研，充分获取企业信息，了解企业差距；二是结合企业实际情况，分地区、分重点、分步骤地制定实施细则，对于制浆造纸重点地区，可以考虑"一企一策"，有针对性地推动政策实施。

2. 加强宣传推广，促进政策落实

从全球环境基金"中国制浆造纸行业二噁英减排项目"竹浆企业示范成效来看，企业 BAT/BEP 改造后可以取得较好的环境效益和经济效益，其技改经验可以为其他未改造企业提供借鉴和参考。建议国家和省级管理部门、行业协会在总结技改经验和成效的基础上，加强与未改企业的交流互动，加大对技改成效的宣传和推广力度，以此促进"水十条"中相关内容的进一步落实。

3. 引导消费，倒逼技术升级

市场行为是推动企业技术和产品升级的一个有效手段。建议通过适当的宣传教育措施，增加公众对纸产品清洁生产的了解，同时结合我国已经开展的环境标志产品认证和正在试行的"环境领跑者"制度，强化公众对纸产品的绿色消费意识，引导公众消费观念改变，促进市场良性运转，进而从消费终端逆向推动行业技术改造和绿色升级。

借鉴国际经验技术 加强我国海洋环境治理[*]

温源远

海洋是地球最大的水体，面积占到了地球表面积的 71%，其生态环境质量直接反映了全球的生态环境质量。尽管人类目前仅探索了 5%的海底，但这片广袤的未知领域已日益受到人类活动的威胁，生态环境问题日益严重。根据 2015 年 6 月 8 日世界海洋日联合国发布的一份报告，全球每年因海洋生态破坏造成的环境损失已高达 130 亿美元。我国的海洋面积约为 300 万 km²，也是重要的海洋国家。加强我国海洋环境治理对全球海洋环境治理意义重大。本文有针对性地收集了一些国际海洋污染防治技术，希望为我国海洋环境治理提供参考借鉴。

一、我国海洋环境问题与挑战

1. 水质情况

目前，我国的海域环境质量状况并不容乐观。根据国家海洋局发布的《2014 年中国海洋环境状况公报》，自 2014 年以来，我国近岸以外海域海水质量良好，但近岸局部海域污染严重、陆源排污压力巨大、海洋环境灾害多发等问题越发突出。具体来看，陆源入海排污口达标率仅为 52%，入海排污口邻近海域环境质量状况总体较差，90%以上无法满足所在海域海洋功能区的环境保护要求，全海域共发现赤潮 56 次，累计受损面积 7 290 km²，赤潮次数和累计面积较 2013 年均有所增加。

2. 污染来源

海洋污染来源可分为陆源、海洋工业、近海养殖捕捞、船舶、石油泄漏等方面。其中，陆源污染是最主要来源，约占到八成。根据《2014 年中国海洋环境状况公报》，2014 年河流携带入海的污染物总量约为 1 760 万 t，较 2013 年增加 5%。其主要污染物为：化学需氧量（1 453 万 t）、氮［硝酸盐氮（以氮计）237 万 t、氨氮（以氮计）30 万 t、亚硝酸盐氮（以氮计）5.8 万 t］、总磷（27 万 t）和石油类（4.8 万 t）四类。

---

* 世界环境，2016，1。

3. 近海垃圾

除了海洋水质污染，近海固体垃圾也是海洋污染的重要方面。根据 2015 年 3 月国家海洋局通报的 2014 年我国近海海域的海洋垃圾情况，我国近海海域的垃圾以塑料类、泡沫类和木制品类为主。统计显示，海面垃圾中，塑料类占 31%、泡沫类占 46%、木制品占 16%；海滩垃圾中，塑料类占 22%、泡沫类占 39%；海底垃圾中，塑料类占比高达 84%。

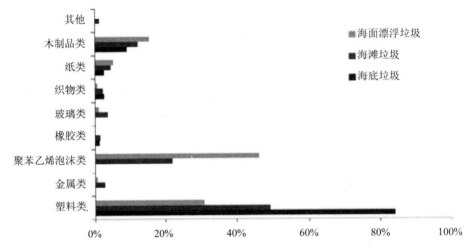

数据来源：2014 年中国海洋环境状况公报。

图 1　2014 年监测区域海洋垃圾的主要类型

二、相关国际经验技术

1. 海上垃圾：焚烧发电

由于海上垃圾主要是塑料、泡沫和木屑等高热值物质，都是很好的燃料，因此，将海洋垃圾进行打捞收集、分类处理后，可主要作为沿海城市垃圾焚烧发电燃料。1931 年，丹麦建造了世界第一个垃圾焚烧发电厂。由于大量建设垃圾焚烧项目，丹麦很多城镇自身的生活垃圾产生量已无法满足焚烧厂的需求，近年来，还要从外国进口垃圾，以保证垃圾焚烧厂的运营。目前，国际上垃圾焚烧技术已相对成熟，尤其是日本东京，垃圾焚烧站以美观的艺术馆式造型大量建在沿海和市区。此外，日本的水泥厂也都大量使用塑料、木屑等高热值垃圾为燃料。

2. 岸上垃圾：回收利用

海洋垃圾中有大量的垃圾可以回收再利用，沿岸省（市）可重点加强本地区垃圾回收管理。日本既是海岛国家，也是全球垃圾分类回收做得最好的国家，经验值得借鉴。日本人将垃圾分成三类：可回收的资源垃圾、可燃烧的生活垃圾和不能燃烧的垃圾。其中，可回收的资源垃圾，包括塑料容器包装、杂志等，这类垃圾由各区的专门从业者处理，一周一次；可燃烧的生活垃圾，包括厨房产生的生活垃圾、无法再利用的纸屑等，一周收集2～3次，回收后通常焚烧处理；不能燃烧的垃圾，包括灯泡、陶瓷等废弃且不可燃的生活用品，这类用品的回收处理比较麻烦，一般一个月一次。在日本，垃圾必须按指定的日期扔到指定地点才能被回收处理，否则会被贴上扔错的标签不做回收。

3．垃圾灰烬：填海造岛

1998年，岛国新加坡在两个离岸的小岛实马高和西康之间建造了1 km长的岩石长堤，并分出了11个相互连接的海湾单元。先是将单元里的海水抽干，排放好一层厚厚的塑料膜；然后将垃圾焚烧后的灰烬倾倒在这些单元里进行密封，以防止泄漏。至于垃圾中那些不能燃烧和回收的材料，如石棉，也被塑料密封并掩埋在泥土中。此后，每个月都要对单元周围的海水取样检测，到目前为止，还没有发现任何单元有泄漏和污染海水的情况。每当一个单元的垃圾填到两三米高时，就进行铺沙种草，接着继续埋置垃圾。如此反复，垃圾最高可埋置到30 m。最后在上面栽种植物，不再堆放垃圾。

4．海洋垃圾资源转换

2010年，泰国宣布，泰国乃至东南亚地区首个废塑料再生产燃油项目在泰国华欣市启动，每天可消耗6 t废塑料，生产出4 500 L燃油，每年产量为135万L。另外，对海洋垃圾进行制取芳香族化合物的研究也正在日本等国家进行。把聚乙烯、聚丙烯等废塑料加热到300℃，使之分解为碳水化合物，然后加入催化剂，即可合成苯、甲苯和二甲苯等芳香族化合物。在525℃的温度下反应时，废旧塑料的70%能够转换为有用的芳香族物质，它们可做化工品和医药品的原料及燃料改进剂等，其余成分可以转换为氢和丙烷。

5．溢油污染微生物治理技术

欧盟第七研发框架计划（FP7）提供资助的部分清除海洋垃圾研发项目已表现出一定进展。例如，名为Kill-Spill的研发项目发现，利用可降解发散剂，可迅速提高海洋食石油细菌消化泄漏石油的进度。采用该技术后，靠海洋自净数年才能完成的石油吸收过程，仅需数周即可完成。又如，BioClean研发项目，成功筛选出30种至少可降解一类塑料废弃物的高产微生物（细菌或真菌），在清除海洋塑料废弃物的实验研究中效果明显。

三、我国海洋环境治理的建议

1．加强海洋垃圾处理

地方政府应加大本地区垃圾分类回收力度；定期组织打捞海洋垃圾，并进行有效分类回收处理；对可燃烧垃圾进行焚烧发电；努力提高科技创新，对海洋垃圾进行资源转换以提高资源利用率，并且尽可能地清除海洋中难以清理的废弃物，提高清理效率；对不可燃烧垃圾和燃烧后的垃圾灰烬可考虑进行填埋填海处理。

2．减少污水排放入海和海上溢油污染风险

政府相关部门要加强入海口污水排放监管和处罚，倒逼沿海、沿河各地区提高污水排放管理水平；定期检查船舶的安全隐患，督促船舶定期保养，提高海上从业人员应急与防范意识，降低溢油事件的发生风险。

3．增强公众的海洋环境保护意识 共同促进技术创新

通过社区、学校加强海洋生态环保宣传教育，提高沿海地区居民海洋生态安全保护意识。充分发挥公众力量，群策群力，共同创新解决海洋环境污染问题。2014年，荷兰大学学生因其发明的海洋垃圾收集系统获得联合国授予的地球卫士奖，充分体现了民众的智慧。

第三篇

土壤污染防治

英国土地污染治理经验及启示

温源远　李宏涛

土地污染也称土壤污染，通常指因具有生理毒性或危害的物质或生物、过量的植物营养元素、能量的介入，而导致的土地性质恶化和植物生理功能失调的现象，甚至会严重影响土地的正常使用或危害国民健康及生活环境。土地污染主要特点有：一是不可逆转。土地污染是一种储藏式污染，如不予净化，则将永久持续，不可逆转。二是范围广泛、后果严重。一旦土地被污染，不仅会危害人体健康，而且还会导致土地无法得到完全修复而影响了其持续利用。在工业化发展的过程中，土地污染已经成为世界上许多国家无法回避的问题。英国的土地污染状况也不容乐观，曾是英国政府面对的重要环境议题。对英国的土地治理经验进行研究，总结其经验和教训，可为我国土地污染治理提供重要借鉴。

一、英国关于污染土地的定义、识别及风险管理

（一）污染土地的定义

根据英国环境主管部门制定的《法定指南》，对受污染土地（Contaminated Land）的定义与三方面因素有关：在土地中包含的物质引起①显著的损害；②或可能产生显著的损害；③或对受控下的水资源造成或可能造成显著性损害（以上定义的显著性均需根据《法定指南》来决定）。也就是说，受污染的土地的判断标准不是以其包含了什么物质来界定，而是以其是否会造成某种损害为标准。在决定土地是否属于污染土地时，监管者必须按照《法定指南》来确定，仅当污染源、接受者和传输路径三者同时存在时，不可接受的风险才存在。英国法对土地污染的定义有以下特点：①外延全面。从将污染造成的损害分为对人的损害和生态系统的损害可以看出，英国对土地污染的损害所造成损害的认识与其他国家无异，也正因为土地污染造成对整个生态系统的破坏，所以才有必要由政府介入进行污染场地的修复。②专业性。根据对人身和财产损害的严重程度进行风险分类，特别是对于人体健康的损害，使

治理工作对象明确，在认定污染场地时标准明确。

(二) 污染土地的识别

由于对"污染土地"所做的定义是基于风险评估理念形成的一个复杂概念，没有一个很明显的界限去确定某个地块为受污染土地（并不是所有的有污染物质存在的土地都是受污染土地），所以每个案件都必须专门的评估。在评估的过程中，包含了三个基本要素：污染物质、承受人和途径。首先，"污染物质"指的是在土壤中明显存在的某种物质，通常是一种污染物，而且这种物质会给该地块所处的地表环境、人体健康以及地下水资源造成危害或潜在的危害。其次，"承受人"是指某个人或某个具有特别科学意义的地方。法律对于承受人的范围有着严格的限定，只有人类、法律保护的自然保护区中的建筑或其他生活资料，才能成为承受人。另外，受到或可能受到污染的水环境也是承受人之一。最后，"途径"指的是污染物质通过某种路径形成损害和承受人之间的联系。在评估过程中，管制者首要考察的是不可接受的损害，尤其是在那些没有实际造成损害的情形中，不可接受的损害的可能性成为评估的重点。这样的考虑是基于风险预防原则的运用。

由于英国法律上并没有给出一个明确的界限来区别受污染土地和其他土地，因此需要一个主体来针对每个个案具体分析以区别出受污染土地。承担此项职责的是英国各地方授权机关。在 1990 年的《环境保护法》中第七十八条第二款第一项对地方授权机构规定了不时地检查其辖区内土地以识别污染土地的要求。但并不是所有的受污染土地都是由地方授权机关来识别的，对于那些污染最严重的"特殊地方"，则直接由环境保护署（EA①）来直接负责。此外，1990 年的《环境保护法》在第二部分中还为地方授权机构设置了其他一些责任：①地方授权机构被要求发展一个战略规划专门解决本辖区内的受污染土地的识别问题；②地方授权机构在他们各自的战略规划范围内调查他们的辖区并在 1995 年《环境保护法》第一百零八条的授权下进行取样；③进行定点特别评估，当某块土地被识别为受污染土地之前应当准备一个详细的评估报告。在具体的识别过程中，地方授权机关必须做出相关的认定才能确定某块地属于污染土地。

---

① 英国环境保护主管机关可分为英格兰和威尔士的环境保护署（EA），苏格兰的环境保护署（SEPA）与北爱尔兰的环境和遗产处（EHS）三个中央主管机关，及各地方之环保卫生部门（EHOS）。其中以 EA 为主要的环保部门，EA 于 1995 年依环境法设立，是欧洲最大的环保机构，总部设于布里斯托尔（Bristol，英国西部港口城市）和伦敦。EA 隶属于英国环境部，是其执行机构。

（三）污染土地的风险管理

在英国的英格兰和威尔士有多达近 10 万处场地受污染影响，大约有 30 万 hm^2 土地在一定程度上受到工业和自然的污染，其中的 2%～5%需要采取相应的行动，来确保对人类健康与环境危害风险降至最低程度。为了有效治理污染土地，英国政府 1992 年开始土地污染风险管理与修复技术研究工作，并于 2000 年立法要求污染土地再开发利用时，必须进行风险评价，实行污染土地风险管理。

污染土地的风险管理包括识别由于污染物造成的任何无法接受的风险、采取行动减少和控制这些风险使之达到一个可接受的水平，从而达到再利用的目的。污染土地风险管理程序分三个阶段：风险评价、评估和选择修复技术与实施修复。

1．污染场地风险评价及方法

20 世纪 80 年代，英国是最先提出土地/土壤污染物浓度限值的国家之一，超过该浓度限值，则要求开展进一步的污染调查。1992 年，英国环境部[①]开始了污染土地健康风险评价技术规范构架研究。经过近 10 年的研究与实践，2002 年 3 月英国出版了一系列关于污染土地健康风险评价报告，旨在提供统一的风险评价方法，以便于快速鉴定对人体健康具有风险性的污染场地，同时确保避免其他负面影响。该规范主要针对人体健康风险，而不考虑对其他受体的风险性，如植物、动物、建筑物和受控水体等。目前，根据不同土地利用情况计算土壤指导值。英国已经公布了 23 种物质的土地指导值。

2．英国污染土地修复治理实践

1996—1999 年英格兰和威尔士的污染修复调查表明，该阶段 80%～90%的修复技术是挖出并移堆在别处，这可能是经济、快速的解决办法，但环境污染问题并未解决，只是从一个场地转移至另一个场地。近年来，在英国以及欧洲其他国家已经发展形成一系列比较成熟的处理技术，许多处理污染土壤和地下水的修复技术工艺已经商业化利用，在实际污染场地的修复中得到应用，并且取得了较好的效果。

（1）堆肥处理法

经过多年的研究与实践，英国壳牌公司研究出了有效修复石油污染场地的方法。将 115 000 m^3 受炼油厂石油污染的土壤开挖出来，80%的采用堆肥处理法，该工程被认为是目前英国最大的异位处理修复工程。残留难净化的土壤经过许可后填埋处理。堆肥过程采用循环式好氧和厌氧结合堆肥。添加调理剂、水和多种金属元素，

---

① 英国环境部全称环境、食品与乡村事务部，其职能主要侧重农地和农村发展土地规划及管理。城市发展及住房由副首相办公室管理，林地由林业委员会管理，土地登记由土地登记局负责。

利用土壤的好氧和兼性微生物消耗氧气，可创造强还原性环境。土壤中水分蒸发以后，土壤饱和度下降，其中疏松的孔隙中有空气进入，又能恢复好氧环境。厌氧和好氧循环的周期可长可短，视污染物去除效果而定。结果表明，该工艺对碳氢化合物的去除率均大于 99.5%。此外，壳牌公司也采用另一堆肥工艺，即将土壤挖出、过筛后，与各类调理剂混合制成长条形料堆。调理剂的主要成分是农业废物、城市垃圾或活性污泥，还有干草、锯末或泥煤等物质，通常还要加一些表面活性剂使微生物与污染物能充分接触，此工艺对长碳链的碳氢化合物有很高的去除率。经处理修复后，部分土地可恢复为绿地。

（2）生物通风技术

英国石油公司（BP）是英国最大的石油公司，该公司自从 1988 年就开始从事污染场地修复这方面的工作。BP 的环境管理部门负责对被石油类产品污染土地的评估和修复。对于已造成严重污染的地面建筑物进行移除，如一些泄漏严重的加油站等，然后再采用生物通风技术等修复污染场地。生物通风技术用于 1988 年年底，在英国的空军基地处理约 90 t 地下加油站的石油泄漏污染。由于生物通风技术巨大的应用前景，BP 投入了大量的人力、物力对该技术进行研究。欧洲的其他国家、加拿大、澳大利亚、日本、南非、以色列、印度等也先后进行了与生物通风修复相关的研究和应用。

二、土地污染治理制度框架

与德国、荷兰等其他欧盟国家不同，英国并没有专门的土地污染防治法律，土地污染防治基本法律主要基于 1990 年通过的《环境保护法》拓展的第 II 部分，同时立法授权环境主管部门制定《法定指南》。但是英国遵循欧盟在土地环境管理方面的相关指令，建立了综合的土地环境管理体系，建立了详尽和责任明确的土地管理和环境管理相关的立法和导则体系，严格进行土地规划和使用，实行综合的土地环境治理和土地污染预防、控制。

（一）基本立法

英国是早期工业发展国家，有非常严重的土地及地下水污染问题。从 20 世纪中叶开始，英国就陆续制定相关的污染控制和管理的法律法规。70 年代后，英国的立法指导思想逐渐转为通过制定标准来避免产生环境问题的污染预防，立法主要遵循可持续发展、污染者付费、污染预防 3 个基本原则，并且据此形成了环境影响评价体系、综合污染控制和环境管理标准。依靠和运用法律手段特别是采用环境标准是英国环境控制体制的核心，并且形成了一套法规体系。

1967 年，英国制定颁布的《生活环境舒适法》规定，地方政府有责任提供垃圾堆放场所，处理生活垃圾，以免造成对土地和水体的污染，损害环境和人体健康。1972 年英国制定了世界上第一部控制危险废物的法律《有毒废物处置法》，并于同年颁布实施了《有毒污水处理法》，促进了土地污染的整治和管理。1974 年，英国制定了《污染控制法》（*Control of Pollution Act*）。该法作为英国环境保护的基本法，将废弃物、水污染、空气污染、噪声污染控制等内容全部囊括，是一部综合性的法典。该法的颁布实施开创了英国环境立法的新纪元，其施行后成效显著。值得一提的是，虽然为了对污染土地实施有效管理，英国在环境部内设立了污染土地科，隶属于污染与废物管理司地方环境质量处。但由于污染土地的管理、整治与开发利用是一项极其复杂的工作，涉及的部门太多，仅靠环境部污染土地科难以胜任。为此，英国在 1976 年成立了部际间污染土地再开发委员会，并挂靠在环境部。其职责是负责各部以及有关部门之间的协调，参与制定政策，组织制定有关标准，为政府部门和民间提供指导与咨询。

1990 年出台的《环境保护法》将过去的大气污染防治法、水污染防治法、废弃物处理等各分类法汇合成一部完整的法律。将污染控制的重点从以治理为主转变为以预防为主，从而使英国的环境得到了进一步的保护和改善，这其中涉及了土地/土壤污染的识别等规定。2000 年，英国制定了《环境保护法》Part ⅡA 法案（Environmental Protection Act 1990：Part ⅡA），将土地污染的相关规定纳入 1990 年环境保护法的第Ⅱ部分。这是英国土地污染防治最重要的法规，其主要精神是规范当污染土地现行利用与状况对人体健康和野生动物产生无法接受的危害时进行鉴定与恢复整治的步骤与措施的依据，包含针对特殊污染场址及其整治的公告通知、救济程序与记录等。其主要内容包括：①将风险评估理念纳入土壤污染的评估，并明确受污染场址的定义。其评估包括：a. 对人体的暴露程度；b. 化学性质；c. 毒物学上的特性；d. 相关环境物理学；e. 污染物对环境的影响；f. 污染物来源—途径—接受者的联结关系等。其中对于人体健康风险评估包括受污染土地报告（CLR）和受污染土地暴露评估模式及结合报告（CLEA），以认定何种化学物品伤害人体健康或因每天日常活动于居住的土地暴露该化学品的程度来估算其危害的程度，并以 CLEA2002Model 来推估（评估的标准并非法规的标准）。②Part ⅡA 立法赋予地方政府主要执行权，EA 则支援地方政府执法。地方主管机关主要负责：a. 拟订和公布稽查策略；b. 稽查和鉴定辖区内受污染的土地；c. 划定受污染土地的场址；d. 对所有污染土地执法，责令污染者整治等；e. 定期公布列管名册。EA 的职责是：a. 协助地方政府鉴定污染的土地，尤其与水污染相关时；b. 对特殊场址（special site）提供必要的咨询；c. 对特殊场址公告与整治；d. 对全国的污染土地定期公告周知；e. 公告整治技术使用；f. 受污染场址的国际报告。③Part ⅡA 立法规定的整治工作步骤包含事前风险危害评估、整治行为与事后继续监测三大步骤。

（二）部门规章

相关部门规章即环境主管部门依据环境保护法制定的指南，包括硬指南和软指南。硬指南即根据环境保护法中的 78A（2）、（5）、（6），B（2），76F（6）、（7）和 78Q（6）规定，执行机构必须遵守的法定指南；软指南则是根据环境保护法中的 78E（5），78P（2）和 78W（1）规定，执行机构必须参考的法定指南。《法定指南》于 2000 年生效，后进行了两次修改，并分别于 2006 年和 2012 年生效，其中包含了对污染场地的定义、风险评估、责任的排除和分摊，成本回收等详细规定。硬指南的存在是英国土地/土壤防治立法中的一个重要特色。由于英国没有单行的土地污染防治法律，而《环境保护法》中涉及土地污染的部分过于简要，因此硬指南对于完善土地污染防治方面起着非常重要的作用。硬指南使法律在其确定性和弹性之间取得了一定的平衡。硬指南提供了两种形式的弹性：①它允许开放结构语言的使用，不需要像在立法中那样使用精确和合法的语言；②它允许规则被修改或者被代替，而不受立法程序的限制。由于立法程序相对比较复杂，涉及不同利益主体的博弈，立法过程也比较缓慢，但作为部门规章，其修改所需要的阻力较小，修改过程快，能不断适应情势的变化。

（三）"棕色土地"政策

1."棕色土地"政策的制定

1998 年，英国依据《未来社会发展计划》制定了"棕色土地"政策，即通过约束或制止未开发土地的利用，对"棕色土地"进行重新开发，从而达到政府所设定的新建住宅增长目标。"棕色土地"（Brownfield land）一词最早于 1980 年由美国国会通过的《综合环境反应、赔偿与责任法》中提出，主要指被污染的土地。英国政府从 20 世纪 70 年代就开始关注"棕色土地"问题。在英国，"棕色土地"不仅指被污染的土地，而且还包括所有已开发的土地，即在城市和农村地区的永久性建筑以及任何与之相关的地面基础设施所占用的土地，以前的军事用地和一些用于矿山冶炼、垃圾处理的土地。这些土地大多位于英国南部和东南部的早期大型工业城市中心，大部分已被工业污染。它作为水体的污染"点源"，其影响难以控制。还有一些则是重要的野生动物栖息地，公共绿地或城市绿色网络的核心部分。对"棕色土地"发展的关注有利于通过对土地再开发，治理受污染土地和协助环境、社会和经济重建，从而形成可持续发展的生活方式。

2."棕色土地"政策的实施

"棕色土地"政策实施的工作重点首先是土地利用数据的收集，在全国范围内统计有关已开发土地的数量、类型和计划状况。收集已发展土地的详细资料，并建立相应的数据库。其次是对棕色土地实施修复，棕色土地的修复主要由公共部门承担。同时结合污染者付费原则，即土地的最初污染者具有消除由他们过去活动造成的任何地区污染的责任。最后是棕色土地的监管。在英国，土地利用变更数据是由大英国家测绘部进行监测的。这些数据由副首相办公室整理并以年度统计报告的形式发表。收集到的数据作为国家大尺度地形图的常规修订数据。主要用于统计住宅建设在已开发土地上的比率和在未开发土地上的数量，也可作为政府政策执行效果的监督，还可用于对已开发地区和城市发展规划上的住宅比率进行阐述和监督。为适应国家已开发土地评估政策的需要，英国分别于 1998 年、2001 年、2002 年和 2003 年进行了四次全国性调研与数据收集。

3."棕色土地"政策效应

英国推动的"棕色土地"风险管理与修复政策取得良好效果。超过 2 万 hm^2 的已开发土地被确定为可再开发土地，其中，约 7 000 hm^2 可立即使用；在一些重要的地区如伦敦、英国东南部和东部，约有 30%的"棕色土地"或已开发土地确定为受污染；在这些地区中发现约有 18%的"棕色土地"闲置（有的甚至闲置 9 年以上）。以上表明"棕色土地"再开发利用具有广阔前景。实践表明，早在 2002 年，英国就已实现国家设立的目标，即有 60%或更多的新建住宅建在了已完成开发利用的"棕色土地"上。

（四）其他管理政策及规定

1. 2008 年污染土地上住房安全开发指南[①]

该指南由英国国家房屋建筑协会（National House Building Council，NHBC）与环保部共同发布，确定了受污染土地上住房开发的危险确认和评估，风险评估，污染修复、设计、实施和核实的具体要求。

2. 土地使用登记制度[②]

英国 1990 年《环境保护法》第 143 章专门列出了与建立土地使用登记制度有关的条款。通过实行土地登记制度并利用已有的各类地的地方档案记录和行业档案建

---

① Guidance for the Safe Development of Housing on Land Affected by Contamination. R&D Publication 66: 2008

② Environment Agency Guidance on Requirements for Land Contamination Reports.

立起完善的土地档案，从而对土地的现在和过去有一个较全面的了解，更好地掌握土地的使用情况。如发现在过去和现在的土地使用过程中有污染土地的情况则可对该土地进行调查评价。

3. 土地污染管理程序[①]

该程序规定了土地污染的定义和范围，谁来决定土地受到了污染，谁来负责土地污染的清理，开发之前的土地清理，联系当地政府有关建议的开放意向，购买污染的土地等。

4. 土地污染风险管理导则[②]

该导则制定了土地污染风险评价的方法和管理要求，包括谁来使用这个导则，通过评估风险来管理污染，实现风险评估的各项详细具体要求，制订详细计划并开展修复，检查和监测修复等。

5. 土地污染技术导则[③]

该导则包含了一系列土地污染重要技术文件和工具，包括放射性土地污染分析，水环境风险评估，地表水的保护措施，土地污染补救目标和方法，土地污染对人的健康风险评估，土地污染曝光评估工具软件（CLEA）等。

6. 土地污染管理模块程序（11 号污染土地报告）[④]

土地污染管理模块程序——《11 号污染土地报告》提供了土地污染结构化决策的技术框架。报告可用于各种不同的监管和管理环境，参与土地管理的各方均可使用。《11 号污染土地报告》提出了风险管理的三大要素——风险评估、方案评价和修复策略实施。

7. 其他

土地污染相关规定还包括《废物的定义：工业发展实践准则》[⑤]和英国 EA《污染土地修复框架》[⑥]等。

[①] Contaminated land

[②] Land contamination:risk management

[③] Land contamination: technical guidance

[④] Model Procedures for the Management of Land Contamination.Contaminated Land Report 11.

[⑤] Definition of Waste: Development Industry Code of Practice

[⑥] Environment Agency's Contaminated Land Remediation Framework

三、土地污染责任制度的相关规定

（一）责任主体的类别

英国污染场地的责任主体被称为适当的人，"适当的人"被定义为两个类别（A类和B类）。A类人是指那些造成或者故意许可污染物排放到土地中的人。B类人是指污染土地的所有者或者经营者。对于故意许可的内涵，在英国环境法上，法官有两种不同解释：一种解释是需要行为人知道污染物的存在并积极允许污染物进入其土地之上、之下和之内；另一种解释是行为人知道污染物的存在并消极放任污染物产生污染后果。这两种解释的前提是行为人要知道污染物的存在。特别需要指出的是，造成或者故意许可是针对发生在过去的污染行为，而法官判决时却需要确定过去的某主体是否拥有污染物存在的知识，而此时很可能时间已经过了很多年而且甚至连证人都可能已死亡，因此需要对故意许可进行宽泛的解释，即只能根据其申请规划的文件而不需要事实上的知识就可推定其有这方面的知识。

在明确污染物的存在后，对于故意许可的解释应该采取积极允许的解释路径，也就是说如果在污染物已经到其土地后，行为人已经意识到污染物质的存在，但由于该行为人的失职而未能进行清除污染，不能被定性为积极的允许。这是因为，一方面行为人并没有故意许可的意思表示和行为；另一方面所有者在知道污染物到达其场地后没有清除污染，也会基于所有者的分担而承担责任，此时如果构成故意许可，会导致A类和B类责任主体的重叠，不符合法律解释的要求。

（二）责任的性质

在英国的污染场地法律体系下，首先，对于土地/土壤污染的归责原则并没有绝对的贯彻严格责任，而是严格责任和过错责任共同存在。对于责任人"故意许可"污染物质的排放的责任应是过错责任，故意许可前提是责任人明知污染物的存在，但却对其排放持鼓励态度，甚至与排放人存在共同故意，很显然主观上有过错，而过错责任其实在客观上加重了政府在追偿修复费用中的举证责任负担。其次，责任具有溯及力，土地污染防治法律的溯及力有利于寻找相关行为当事人，并让其承担责任，减少由于责任主体不明确而动用公共资源进行修复的费用。最后，该法并没有规定连带责任，如果对于污染的份额是可分的，那么责任人只需承担与其责任程度相应的按份责任，《法定指南》中规定，在政府对A类责任人提起追偿费用诉讼后，如果其能证明其他责任人的存在或其自己的责任比例比较小，就可以减少其应向政府支付的修复费用，大大减轻其责任。

（三）排除责任的情形

以下情形中，责任主体无须承担责任：

1. 进行排除性活动的人

这些活动即使是相当于造成或者故意许可，但是从政府的观点来看，限制此种责任是合理的。这些行动包括：通过一种或者几种方式为其他人提供金融支持、保险公司、土地出租人等。但是如果金融机构或者保险公司为决定是否提供金融援助或者保险而进行全方位的调查行动，这些调查行动造成或者故意允许显著污染链的存在，或者是污染链继续存在的原因，那么这些机构就不能免责。《法定指南》规定宽泛的排除性活动的范围，大大减轻这些活动的责任；同时对于贷款人责任，如果其没有日常参与到危险废物的排放的决策中去也无须担责，该规定有利于减轻金融机构的责任风险。这同时也反映出在修复污染场地和其他有益于社会的行为间的权衡，使行为主体对于在什么情况下承担责任具有一定的预期性，大大减轻了由于担责而不愿意参与上述活动的顾虑。

2. 已经支付修复费用的责任人

在许多情形下出售者在出售污染场地时已经支付修复费用，支付必须符合以下几个类别：支付是自愿的；或者出售者依据特定合同对于修复费用负有支付义务，并对他人依据该合同提出请求有义务加以支付；在争议解决的过程中作为和解当事人或者依据法庭命令而发生的支付；土地转让合同中明确要求的支付，该支付或者是为了满足特定的修复费用而规定或者是通过减少购买价格的方式来达到上述目的。

3. 基于信息的出售

即出售者在出售该土地后，已经告知购买方污染存在的事实且在出售合同的价格中考虑到这一点。此种规定的目标就是激励出售者在出售时将污染的信息告知购买者，以公平的价格出售，而且在出售完成后出售者不再保有任何土地上的利益。第二种情形与第三种情形其实是将承担修复污染场地的风险从卖方转移至买方，当然买卖双方都必须属于责任团体中的成员，因为根据资产收购的一般法理，资产收购方是无须承担资产出让方的责任，但是如果买方已经知晓责任的存在，那么表明买方是愿意承担这种风险的。显然这有利于资产的转让，特别是在污染场地开发中，虽然一些污染场地位于城市的中心，具有商业开发价值，但是基于其承担环境责任的风险，开发商也会缺乏积极性收购这些受污染的资产，不利于经济的发展。

4．物质改变前的当事人

当事人造成或者故意许可物质出现在土地之上、之下和之中，由于该物质与其他人转移来的物质相互反应造成了唯一的显著的污染链（如果没有与其他物质的化学反应、生物程序或辐射等干预性变化，显著污染链是不会存在的）。当然在后物质进入场地之前，先前当事人不能合理地预期后来物质会到土地中，也不能合理地预期干预性变化的存在，并采取合理的措施来阻止后来物质的到来或者干预性变化的产生。此条的规定大大减轻了责任人承担连带责任的可能性。

5．逃逸的物质

某块地上的污染是由于其他地块逃逸过来的物质所造成的，而责任团体中的另一人对这种逃逸负有责任，那么该地块的原责任人将被排除责任。不同于美国《小规模企业责任减轻和棕色土地振兴法》中与污染源相邻的不动产所有者的免责的规定，这大大减轻了土地所有者的责任。而美国法对于土地所有者免责规定了严格的条件，例如要求土地所有者在购买土地时并不知晓或者没有合理的理由知晓邻近土地被污染，或者土地所有者在土地上已经注意并采取了合理的步骤来阻止继续排放或将来排放，而英国并没有对土地所有者施加这类义务。

6．路径或者接受者的引入

若由于后来的路径或者接受者的引入才形成了污染链（否则污染链不会存在或者不存在显著的污染链），那么原责任人可以免责。此条规定与美国《超级基金法》存在很大的不同：对于污染物质的生产者，即使有新的路径或接受者，也是要承担责任的。此条实际上大大减轻了污染物生产者的责任，因为只要接受者由他人引入，生产者就可以免责。

四、经验教训及对我国的启示

（一）经验教训总结

1．地方政府难以全部追偿清理费用

英国《法定指南》中规定，政府在追偿费用时，要考虑不能对被追偿人造成财务困境，其目的是在企业的持续发展或人民的正常生活与环境责任间取得平衡。在实践中，地方政府对困境的含义做了宽泛的解释，甚至地方政府不愿意从 B 类责任人处获得追偿，当 A 类人不存在时，可以说现行体制下，环保机构和地方政府要承担所有的修复费用。地方政府可能会认为向 B 类人追偿会对其造成困难，特别是家庭所有者，他们的房屋占据了 90%的污染土地。2007 年，有 35 个特殊场地被识别，

其中 30 个案例中有 A 类责任主体。在这 30 个案例中，有 20 个案例由 A 类主体承担了成本；其余 10 个案例中，6 个案例地方政府是责任主体，4 个案例有 B 类责任主体存在，但环境部并没有让其承担清理费用。完全放弃对土地所有者追偿，并不符合公平利益，也不符合成本收益原则。因为如果土地被清理，会带来健康和舒适利益，土地的价值会上升，土地所有者会比以前享受到更大程度上的好处，但其没有付出任何成本。而政府本身资源有限，在修复治理某处场地后却无法收回费用，会导致其他的区域的修复资金减少。此外，从《法定指南》的规定来看，要求污染者承担减少和控制污染的责任并不意味着仅是污染者承担责任。当不存在污染者时，并没有排除无辜的所有者应该赔偿，因为所有者或占有者本身就是责任主体。

2. 地方政府本身的资源有限性

所谓资源的有限性原因就在于污染土地数量巨大，调查需要花费大量的物力、人力和成本，但地方政府并不具备这样的条件。资源有限主要原因包括：一是英国并没有建立起类似于美国的超级基金，没有对特定行业或企业征税来修复治理污染场地；二是英国的污染场地识别和治理由地方政府进行，由于区域间经济发展不平衡导致的政府财政收入不一致，以及各地方政府所承担的其他公共事业支出差别，导致一些地方政府用于修复污染场地的资源的有限性更加突出；三是污染场地被识别后，如果责任主体不存在，地方政府需要自己进行清理，无法追偿修复费用，加重了资源紧张的问题；四是由于污染场地治理注重治理后的市场价值以及鼓励私人治理等，一些具有潜在市场价值的土地已经通过市场化的途径得到治理，剩下的污染场地本身可能污染程度较重，需要花费大量的人力、物力和财力。资源有限性导致地方政府无法全部查清本区域的污染场地，修复所有的污染场地更成为空谈。

3. 规划前置条件带来的问题

由于面临污染场地越来越多而绿地日益减少的局面，英国于 1990 年通过《城乡规划法》，建立了土地利用规划制度。污染场地的开发者在获得规划许可前，需要对地块进行调查和评估，必要时甚至还要对污染场地进行修复治理，才能够获得开发的规划许可。对超过一定规模的污染场地重建项目，还要求评估其环境影响，作为规划审批的一部分。这种规划许可制度虽然有利于促进污染场地的修复治理，因为确实许多污染场地位于城市的中心，具有巨大的商业价值，对这些污染场地的开发有助于城市振兴和经济发展，但将污染场地纳入规划许可系统会产生以下问题：①污染治理的优先性问题。那些污染形成历史长、污染严重的区域可能得不到优先治理，但那些处于富裕地区的且周围不存在污染场地或污染场地已经得到治理的区块将会由于潜在的市场价值而得到优先治理，虽然其污染程度可能不如前者。②透明度问题。将土地由开发者开发和治理，可能会存在治理标准和治理手段等措施的透明度问题，治理可能重市场价值而不够关注社会目标，责任主体和周围社区的居民缺乏机会了解和参与污染场地的修复治理。

（二）对我国的启示

近年来，我国土地污染总体呈加剧趋势，造成的环境问题也呈现"压缩型"和"爆发性"态势。对我国土地造成严重污染的污染物来源主要有污水灌溉、农药和化肥、大气尘埃以及固体废物带入土地形成污染等。随着城市群、工业密集区的形成以及企业、厂矿结构性的调整和迁址，我国还出现了区域性的土地污染，严重影响了农产品质量安全和水环境安全，威胁着人民群众的身体健康；长期的污灌也造成了农田土地/土壤污染，直接威胁农产品安全。根据我国首次全国土壤污染状况调查（2005年4月—2013年12月）结果显示，全国土壤总的点位超标率为16.1%，其中轻微、轻度、中度和重度污染点位比例分别为11.2%、2.3%、1.5%和1.1%。耕地土壤点位超标率为19.4%，其中轻微、轻度、中度和重度污染点位比例分别为13.7%、2.8%、1.8%和1.1%。林地、草地和未利用地土壤点位超标率分别为10.0%、10.4%和11.4%。污染类型以无机型为主，有机型次之，复合型污染比重较小，无机污染物超标点位数占全部超标点位的82.8%。尤其是镉、汞、砷、铜、铅、铬、锌、镍8种无机重金属污染物点位超标率分别为7.0%、1.6%、2.7%、2.1%、1.5%、1.1%、0.9%、4.8%，六六六、滴滴涕、多环芳烃3类有机污染物点位超标率分别为0.5%、1.9%、1.4%。我国每年因重金属污染而减产粮食1 000多万t，另外被重金属污染的粮食每年也多达1 200万t，合计经济损失至少200亿元。加入WTO后，我国农产品出口频遭绿色堡垒，污染问题已严重影响农产品出口创汇；我国大多数城市近郊土壤都受到了不同程度的污染，有许多地方粮食、蔬菜、水果等食物中镉、砷、铬、铅等重金属含量超标和接近临界值，土壤污染不仅影响食物卫生品质，也明显影响到农作物的其他品质；土壤中的有害物质被人体吸收，对人类生命健康造成威胁。随着"镉大米""毒生姜""砷中毒""癌症村"等事件的不断发生，土壤污染对人类健康的严重威胁逐渐显现，引起了社会公众的广泛关注和国家政府的高度重视。

目前，我国意识到土壤污染的巨大危害，制定发布了《土壤污染防治行动计划》（简称"土十条"），积极开展了一批国家级重点治理与修复示范工程，人大环资委也正在积极起草《土壤污染防治法》。在土壤污染治理及立法过程中，学习借鉴英国土地污染治理经验教训可为我国提供重要启示。

1. 建立集中、高效的环境管理框架体系

鉴于土壤、地表水、地下水、空气是相互作用和紧密衔接的一个整体，英国将自然生态、农业、食品、森林、海洋环境、水利等众多环境保护政府职能进行了整合，并明确了中央和地方在土地规划、利用的职责划分。我国在开展土地污染防治和立法工作中，应充分考虑各生态要素相互关联的特点，注意中央与地方以及不同部门间的事权划分，注意政府与市场的协同发力，注意与现行的《水污染防治法》《固体废物污染环境防治法》《大气污染防治法》《海洋环境保护法》《土地管理法》《城市规划法》等相关法律法规的综合协调。对于已有的一些制度进行完善，以适应我国土地污染整治和管理的综合治理的需要。

2. 从土壤污染治理到土地环境综合管理

英国通过制订城镇和乡村规划、地方规划、土地注册登记制度等，特别是空间规划、财政税收等一系列手段倒逼棕地治理，从源头进行土地保护。我国在立法中也应强调土壤污染的预防，通过立法健全我国土壤污染预防体系。立法中应坚持"保护优先、预防为主、防治结合"的方针，坚持"分类、分区、分目标管理"的原则，建立适合中国国情的土壤污染预防体系，实施土地环境的综合管理。其内容包括空间规划、建立排污许可制度、土地环境影响评价制度、土壤污染监测和管理制度，以及制定相关的土壤环境标准和污染防治技术推广制度等。可结合我国当前正在进行的国土分级分类规划工作，建立土壤污染监控区域。通过规划、许可、使用、治理、再利用，以及经济措施、循环经济等综合措施实施土地环境保护，土壤污染预防、控制、治理和再利用。

3. 通过立法实现土地环境的精细化管理

英国建立了极其详尽、责任明确具体的法制体系。我国应详细梳理和整理我国环境立法方面的不足，衔接不畅和管理破碎等事项，通过立法和法规体系建设明确各方职责，实现环境的综合化和精细化管理，强化土壤安全意识，规定严格的法律责任。在立法中，把土壤污染防治的问题提到国家环境安全的高度，通过立法强化土壤安全意识，明确政府、企业、公民的职责和责任。在此基础上，按照"谁污染谁治理""污染者付费"原则，从严设立土壤污染法律责任，严厉惩罚措施。特别是针对我国有的企业违法排污十分恶劣的状况，借鉴美英等国家的做法，给予企业足以破产的严厉经济处罚，并给予相关人员严厉的刑事处罚。

4. 鼓励公众参与土地环境保护

确立公众参与制度。充分发挥公民个人、NGO 等环保组织以及社区的作用，让他们积极参加到土地污染防治工作中来。可以借鉴美英法律中的公民起诉制度，规定任何公民个人、组织对污染土地的行为，以及政府管理部门疏于管理的行为都有

权向法院直接提起诉讼。

5. 促进土地污染整治市场化发展

土地污染的整治和管理需要巨大的资金支持，单靠国家财政拨款远远不够。因此，在进行土地污染防治立法时，应在规定国家建立专门的土地污染整治资金的同时，采取综合手段鼓励私人资本投资于污染土地的清洁和治理。

6. 依靠科技推动土地环境管理进步

英国环境主管部门开展了 9 000 多项环境科研项目，建立基于证据的决策支持系统，与科学部门、工业部门共同应对气候变化、极端灾害等环境全球挑战问题，并制定环境发展 2020 战略、信息公开战略、管理网络发展战略、农场和食物可持续发展战略等未来发展目标。建议加大环境科学研究，解决环境管理和污染治理方面的突出问题，开展环境科学基础性研究，开发各种环境政策工具、污染分析工具、环境信息化工具等，科学开展土地调查，依靠科技推动环境保护。

德国氯碱生产污染场地修复典型案例介绍[*]

程天金　温源远

氯碱工业是最基本的化学工业之一，主要产品包括烧碱、聚氯乙烯（PVC）、氯气、氢气等，可用于制造有机化学品、造纸、肥皂、玻璃、化纤、塑料等领域。近年来，我国氯碱工业发展迅速，呈现出规模化、高技术化发展态势，其对环境产生的影响值得关注。本文特整理德国莱茵费尔登镇的污染场地修复管理案例，供研究及决策参考。

一、德国莱茵费尔登镇案例简介

德国等国的生产经验证明，氯碱的生产过程可以产生大量的多氯代二苯并呋喃（PCDFs）、多氯化萘（PCNs）和其他有机和无机有害污染物。莱茵费尔登（Rheinfelden）是德国南部的一个小镇，人口有 3.2 万人，自 1898 年以来，生产氯碱长达 87 年，另外，五氯苯酚和五氯酚钠的生产设备也从 1970 年运转到 1986 年。1989 年，该市开始了针对包括市中心区域在内的几个污染场地表层和深层土壤中的多氯代二苯并二噁英/呋喃（PCDD/PCDF）污染情况的调查。接下来几年中，在州政府支持下，该市市议会联合生产企业、两所大学、多位有经验的工程师和专业的污染修复公司的共同研究和努力，使污染场地得到了保护和修复。该案例体现了氯碱生产过程的污染过程和污染造成的后果，以及针对其污染场地修复的策略组合。

二、历史回顾和污染情况的发现

1. 历史回顾

1985 年，伴随着欧洲第一个水电站的建设，莱茵费尔登也开始了工业化进程和定居点建设，10 年时间里，这里很多工业行业得到了很大发展。其中，格里斯海姆

---

* 《环境保护对外合作中心通讯》2016 年第 3 期。

电子化学工厂（Griesheim Elektron）在 1898 年就开始运行了第一套氯碱设备。虽然在第一年就发现生产过程可能会危害健康，而且从操作人员患上较严重的氯过敏症状得知可能存在有害残留物，但接下来的 87 年，氯碱生产过程产生的有毒废弃物和其他工业废弃物、建筑垃圾混合在一起被堆积在工厂附近的坑洞里，未做任何安全防护措施。在这期间，公司的所有权几经更改，直到今天的德固萨有限公司（Degussa AG）。

2. 发现 PCDD/PCDF 污染

1989 年，在一次大范围的由五氯苯酚（PCP）生产造成的大气沉积 PCDD［主要是八氯代二噁英（20～8 000 ng/kg）；小于 40 ng TEQ/kg。TEQ 为国际毒性当量的英文缩写（Toxic Equivalent Quantity）］污染水平普查中，在该生产场地附近发现了特定的 PCDF 污染。然而，某些地方 PCDF 污染水平大大高于大气中 PCDD 大气沉积总量，此时还不清楚 PCDF 源自哪个工业过程。在以 PCDF 为主的样本量化中，表层土壤和深层入土壤的峰值可达 26 000 ng TEQ/kg 和 3 800 000 ngTEQ/kg。在以上地区出现的巨大的 PCDF 值表明，一些受 PCDD/PCDF 严重影响地区需要被归类为受污染场地。首先最重要的措施应是立即封锁以上地区并给周围人群设置警示和提供指导。

三、污染场地的评估

根据德国法律，人员密集区域土壤修复限值为 1 000 ng TEQ/kg，因此，莱茵费尔登的污染场地需要采取修复措施。由于污染程度不同对挖掘操作工作者的健康、对该地区居民和地下水的危害会有所不同，在修复前，有必要掌握受污染场地更深土壤层的详细情况。为厘清这些问题，有必要进行以下调查和评估：

- 污染物成分和起源；
- 对由此产生的实际或潜在的健康和污染风险；
- 关于修复的必要性和可能性。

然而在早期阶段，无论是污染源情况，还是是否有其他更大范围的污染地区等情况都无从得知，因此，必须形成一套有效的调查策略，包括对整个生产过程的历史调查和评估，以及利用技术和科学的调查手段发现可能的污染场地。

1. 历史调查

从有关人口概况、历史地图及土地登记簿的相关评估中的信息汇总中可以看出，在 1920 年以前，一些生产过程中产生的残留物被堆积搁置。这限定了三家公司的污染来源。以上这些公司被要求出示他们与生产相关的各种信息文件。这次调查着重关注了氯碱电解（氯及其应用技术总称）工艺的相关内容，包括氯代有机物生产历史、生产数量的文件，以及它们存放地的相关信息。

2. 技术和科学性调查以及来源的发现

在第一阶段（前 3 个月）针对局部沉积物的评估技术调查过程中，先是通过 303 个核心取样器在 100 个采样位置得到 500 个样本，然后取 40 个代表样本进行混合用来分析土壤中 PCDD / PCDF、重金属、有机污染物的相关参数，以及一般污染场地的代表性参数。PCDD/PCDF 的相同属性就像一个"指纹"，可以作为一个重要工具，用于识别工艺过程和特定产品或产品残留物中的 PCDD/PCDF 来源。莱茵费尔登的污染模式与瑞典的氯碱生产企业的污染情况相类似。因此，重 PCDF 污染可能归因于氯碱的生产过程。

3. 氯碱生产产生 PCDD/PCDF 及其他污染物的过程

高水平的 PCDF 和其他含氯有机化合物污染物的产生与煤或石墨电极的使用密切相关（电解槽中的污泥主要来源于沥青做黏合剂的石墨阳极和氯化物的反应产生）。虽然从 1980 年通过电解法生产氯碱以来，这些电极在 20 世纪 70 年代开始得到部分替换，但是仍有一些企业至今还在使用这类电极。需要强调的是，这些氯碱工艺产生残余物中还有其他环境污染物，包括多环芳烃（含量高达 4 345 mg/kg）、重金属铅（高达 1 425 mg/kg）、钡（高达 60 g/kg）和汞（极大值为 24.4 mg/kg）。

4. 绘制整个城市的污染图

基于前一阶段的调查，确定了评估污染物的类型。在接下来第二个阶段的评估中，发现在 20 世纪的城市发展进程中，一些含有有害残留物（源头是氯碱生产过程的含高浓度 PCDD/PCDF 的污泥）的石头从采石场开采出来后被用作了个人房产的填充材料。这导致了城市内广泛的区域都有潜在的 PCDD/PCDF、重金属和其他污染物危害。因此，莱茵费尔登的整个市中心区域（大约 290 hm^2）都必须进行评估：共有 1 878 块土地，形成了来自 1 615 个地块的土壤样本（大约 3 566 个独立取样）。最后，以重金属指标作为控制参数并以 PCDD/PCDF 分析作为确认，市议会与豪恩海姆大学（University Hohenheim）合作绘制完成了整个城市的土壤状况图（见图 1）。研究证明，PCDD/PCDF 土壤浓度超过 100 ng TEQ/kg 可以根据其光学特性被筛选出来，土壤的重金属水平也可以根据其指标值被测绘出来。在这次调查中，有 36 块地产的 PCDD/PCDF 含量超过了修复极限值（1 000 ng TEQ/kg）。

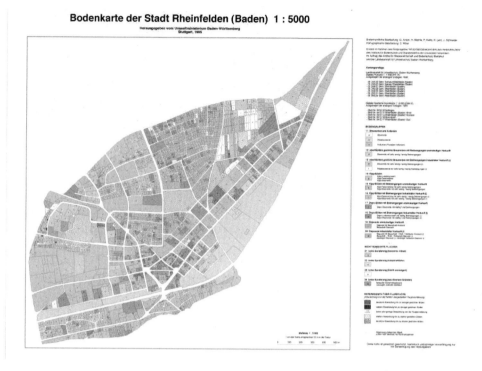

图 1　莱茵费尔登土壤状况图（巴登－符腾堡州环境部公布）

四、修复行动

　　因为涉及住宅区域，这给调查和修复污染场地带来了特殊挑战。首先，对诸如种植食物的自家庭院和供孩子们玩乐的区域土壤的污染物水平评价与决策非常微妙。另外，与私人土地业主（虽然不是污染的制造者但现在却是污染物的拥有者）的合作更需要智慧。尤其是根据法律规定，对污染的继承不够明晰，特别是因为公司改变了所有权和前公司破产，造成了房地产的实际拥有者而不是污染者来负责修复的结果。为了避免资金纠纷，建立了覆盖 75%修复成本的公共治理基金，土地所有者承担最多 25%的治理成本。因为最大成本固定且小于修复带来的收益，所以所有的土地业主都同意了场地修复。此外，场地修复带来的可能的财务风险由补救基金化解。因此，"自愿补救"的原则可以应用与所有私人业主财产。私人财产的所有者的成本最终由合理的成本最小化管理控制到修复成本全部的 10%以下。

1. 依据污染水平进行修复

　　受到严重污染的土壤（超过 1 000 ng TEQ/kg）均被移除、替换，或去除顶层受污染土壤，垫上织物后，重新用未受污染土壤覆盖。PCDD/PCDF 污染（在 1 000～

10 000 ng TEQ/kg）的所有 36 个"热点区域"已被修复。其中，最大比例的污染土壤在诺贝尔火炸药公司（德固赛公司）的垃圾填埋场 A 区域存放，因为该区域土壤已被氯碱电解和生产工艺过程中的有毒残留物严重污染。而土壤污染水平超过 10 000 ng TEQ/kg 的土壤主要通过在荷兰（处理污染水平小于 30 000 ng TEQ/kg 的土壤）和德国（处理污染水平小于 100 000 ng TEQ/kg）的危险废物焚化炉处理。而所净化处理后的土壤都在德国处置。一些极高污染水平（1 000 000 ng TEQ/kg 左右）的沉积物储存在矿区。尽管土壤污染水平低于 1 000 ng TEQ/kg 的区域没有得到修复，但 PCDD/PCDF 污染水平超过 40 ngTEQ/kg 已禁止用于农业用地。

2．完全修复的局限性

由于成本高昂，对 PCDD/PCDF 污染物破坏的场地（垃圾填埋场，生产装置所在区域和低影响房产区域）进行完全的修复被认为是不可行的，又因为 PCDD/PCDF 对地下水造成污染的环境风险被排除掉了，所以完全修复被认为没有必要。

为防止氯化烃类污染物污染地下水，还需要源源不断地从生产区内抽水。针对垃圾填埋场，必须及时往外排水以保证安全区域的水位低于周边区域的水位，以保障污染场地的水流梯度，不会造成地下水污染。废水必须经过活性炭过滤清洁。垃圾场水位有对应的监控系统，周围水流的水文情况也会进行定期监测分析。

此外，无论现在还是将来，任何建筑行为都会被进行评估。

在这样一个整体框架下，包括对垃圾填埋场、生产装置区域实施的相关政策，对私人房产区域进行环境修复可以将环境污染降低到最小化，保护了莱茵费尔登地区的居民权益。

五、经验总结

对莱茵菲尔登由有机氯化合物中氯碱的电解和生产造成的污染场地的调查和修复的可视为全球范围内的典型案例之一，本案例的一个重要结论是：由于被污染的土壤体积巨大且填埋场对填埋物的限制等，可根据污染程度进行修复，但完全修复污染场地仍是很困难且成本高昂的，现实中并不可行。本案例还可以得出以下结论。

（1）以往生产过程中的设备相关详细信息和生产过程中产生的污染废渣的数量、类型和存放位置等信息的透明度是很重要的；垃圾填埋场和污染区域（基于历史档案材料中的详细数据）需要被严格定位。

（2）对垃圾填埋场和受污染区域的评估是非常有必要的，尤其是以下几个方面：污染程度；场地地质条件和地质结构；地下水实际污染程度和可能存在的污染风险；污染物的迁移情况。

（3）针对污染场地的调查方案的设计原则是基于此方案可以做出详细的风险评估和有效跟踪污染物来源。

（4）农药/化工企业和国家/当地政府的密切合作是必需的，受影响的公众群体和NGO之间的公开透明的交流很重要。

（5）针对污染区域的场地修复的过程中应该积极咨询在类似领域经验丰富的工程公司，修复规划对创造力的要求很高，因为场地修复的解决方案通常不是标准化的工程技术而可能是要求有针对性、独特性。

（6）所有的区域是否都可能得到修复，是否有必要进行修复都是需要进行事先评估的。

（7）及时的环境影响评估、修复和保护措施可使伤害和成本降到最低。

（8）应对怎样使用"污染者付费"原则和到哪种程度进行评估。

土壤污染状况调查国际经验研究[*]

王 滢 李奕杰 王 冉

2016 年 5 月 28 日，国务院印发了《土壤污染防治行动计划》，即日起实施。为切实加强土壤污染防治，逐步改善土壤环境质量，第一项"硬任务"是"开展土壤污染调查，掌握土壤环境质量状况"。本文收集整理了美国、日本、欧盟、英国、德国、意大利、瑞典、荷兰、澳大利亚、新西兰和加拿大等发达国家和地区的土壤污染调查情况，并在此基础上分析总结了发达国家土壤污染调查的特点，为下一步我国开展土壤污染调查工作提供参考借鉴。

一、主要发达国家和地区的土壤调查情况

1. 美国

美国土壤调查始于 1899 年，当时调查范围仅限于康涅狄格等四个州内的四个地区，旨在解决农业生产的实际问题，如适宜作物、需要肥料和土壤有无水、盐、酸等问题。最初为农业部的研究项目。1952 年，农业部土壤保持局建立了全国土壤调查合作系统，各州土壤调查工作由相关农业大学作为合作单位进行，美国森林管理局和土地管理局在其职责范围内予以协助配合。按照土地分布的状况和利用要求，确定调查的深度和范围：对边远和荒野地区做勘察调查，对过渡性的集约利用地区做概况调查，对集约利用和具有集约利用潜力的地区做详细调查。其中详细调查一般以县（区）为单元，平均每一调查单元包括土地面积 $2\,000\ km^2$，开展野外调查、试验室测试、绘制土壤图、编纂调查报告并进行土壤利用率分类。

1980 年通过的美国的《综合环境反应、赔偿与责任法》（以下简称《超级基金法》）规定了相关责任人的信息报告义务和美国国家环保局的信息管理责任。相关土壤污染调查包括识别、登记并录入"超级基金场地管理信息系统"、初步评定、地块调查，通过运用"危险分级系统"对地块进行评分、分值大于 28.5 分的经过公众评

---

* 《环境保护对外合作中心通讯》2016 年第 11 期。

议后列入"国家优先清单"。公众可以在网上非常方便地查询到其居住地周边的污染地块信息，以及这些污染地块的治理进展。

2. 日本

日本土壤调查工作始于 19 世纪末，比英国、美国等都早，其土壤调查的种类多，均带有特殊目的或是为了采取统一措施而进行，调查方法多样，参与部门较多。其中土壤污染调查于 1971 年开始，分为粗查和细查两项，前者由农政局农产课主持，以全国水田、旱地为调查对象；后者由环境厅土壤农药课主持，以污染地带的农业用地为调查对象。两者均采用持续的监视性定点观测，前者水田每 1 000 hm² 择定一点，旱地每 2 000 hm² 择定一点；后者每 2 500 hm² 择定一点。

日本土壤调查主要有四种类型：依据条例/纲要而进行的土壤调查、（与行政有关的）"任意土壤调查"、监测计划以外的地下水调查和土地所有者进行的土壤调查。与行政有关依据《土壤污染对策法》（2003 年 2 月实施，2014 年 3 月最新修订）条例开展的土壤污染调查，主要由日本环境省与都道府县政府（省级地方政府）牵头合作展开，另外，土地所有者也可以委托政府指定机关进行土壤污染调查。监测主要包括市区（市街地）的土壤污染、农业用地的土壤污染和有毒有害化学物质的土壤污染。

日本在 1970 年颁布了有关防止农业用地土壤污染的法律，将镉、铜、砷指定为特定有害物。为掌握土壤污染的状况，依据以上法律确定"农业用地土壤污染对策地域"，制订农业用地土壤污染对策计划，在各个都道府县运用国家的资金进行"农业用地土壤污染防止对策细密调查"，并公示调查结果。

建设用地的土壤污染调查多由使用或产生有害物质的土地所有者（企业）委托指定机关进行调查，引入企业资产评价。另外，环境省的土壤污染调查中有按行业划分的土壤污染调查结果。调查内容由环境省公布，按地域、污染物质、行业等指标分类，结果写在每年发布的《土壤污染对策法的实施状况与土壤污染调查·对策事例等有关的调查结果》中。

此外，日本环境省为了解全国土壤污染的实际情况以及地方的对策，从 1987 年开始对全国 47 个都道府县和《水质污浊防止法》所指定的城市（包括 47 个都道府县和 93 个市的 140 个机构）进行了有关土壤污染的问卷调查（农业用地土壤对策以及有毒有害化学物质对策事例除外）。据调查结果，依照土壤环境标准对 1975 年 4 月 1 日—2001 年 3 月 31 日各个都道府县掌握的数据，进行了汇总分析。

3. 欧盟

欧盟土壤数据中心建立了土壤数据库，关注土壤自然特性和人为污染影响，预防土壤威胁并保护土壤生态功能。数据来源于欧盟委员会、各成员国、研究机构、欧盟环境与可持续发展联合研究中心等多个机构。数据范围不仅涵盖欧盟成员国，还包括非欧盟国家。

土壤数据库中有基础土壤性能空间数据集和土壤地图集两大类，其中基础数据包括土壤类型、土壤剖面、水动力特性和土地利用/土地覆盖表层土等。土地利用/土地覆盖表层土调查按 2 m×2 m 网格划分为 100 万个点，对其中 25 万个开展土壤调查，取 2.5 万个点作为监测点开展采样分析。调查每三年一次，采样分析每六年一次。2009 年进行了第一次采样分析，在欧盟 27 个成员国采集了 2.2 万个点，2015 年采样点增加到 2.5 万个，且扩展到六个非欧盟国家，分析数据有 pH、氮、磷、钾、有机碳及金属铅、镉、砷、汞等污染物质。土壤数据库及图集还在不断丰富和完善中。

4. 英国

1968 年，为实现英国环境可持续发展的 21 世纪议程目标，系统规划矿产资源开发，分类调查、利用和修复污染场地，识别和保护影响生物多样性和栖息地可持续发展的地球化学因素，提高对环境和健康的潜在影响的流行病学的认识，英国地质调查局牵头开展了全国土壤调查，每年一次，分区域进行。这项工作目前仍在进行当中。

调查内容包括河流沉积物、水和土壤。采样由地球科学相关专业本科生暑假完成，调查一个场地需要两个队伍 10 周时间。土壤样本取自：没有表面排水系统（如石灰岩）或排水密度低的区域、城区和排水系统被发达的农业所改变的农村地区。采样使用手持式荷兰土钻，采取表面（5～20 cm）和深层（35～50 cm）两个样品。每个样品由面积约 20 m×20 m 区域的 5 个采样孔样本混合而成。对于城区土壤，每个大小为 1 000 m×1 000 m 的网格里均匀对称地分布了四个采样点。对于非城区土壤，每个大小为 1 000 m×1 000 m 网格里一个采样点。每 100 个点中指定一个点，在距离该点 20 m×20 m 的正方形区域内提取复样，进而进行质量控制和质量保证分析，从而保证数据质量。调查数据使用 Microsoft Asscess 数据库的 MDB 文件格式存储。

调查活动包括以下 14 个步骤：熟悉采样方法及健康和安全知识，现场调查行动策划，招募培训志愿者，每日例行程序，调查点编号，信息卡，与土地所有者、农民和公众的合作，采样队携带设备，土壤采样，质量控制和质量保证的采样，样品的检查、整理和储存，调查工作数据库的建立，实验室里样品登记和现场调查报告的编写。

其中调查报告的内容应包括以下 11 个部分：现场工作进度，取样地区的简化彩色地图，调查程序手册的版本，调查组成员名单，住宿情况的详细描述，区域活动的后勤报告（商店、加油站、马路、车站等），健康和安全报告，样品编号的总结表，质量监测点样品选取的详细描述，实验室编号和基线调查样品编号的联系和样品清单作为附录。此外，如果存在敏感区域（如发电站、炼油厂、动物实验室），调查报告的最后应列出所有敏感区域。

5. 德国

1986—1992 年，德国开展了第一次全国土壤状况调查，并于 2006—2008 年对调查结果进行了更新和复查。采样网格为 8 000 m×8 000 m，共采集 2 000 个样本。

1986 年，为确定当前的土壤碳循环、营养平衡、水土保持和污染现状，监测长时间变化，并了解新出现的趋势，德国开始长期连续开展全国范围内土壤污染状况调查，由德国环境部和各州牵头，联邦/州土壤保护工作组协调和管理测量站的建立、运营和调查方法。调查范围是全国内的耕地、草原、森林和特殊用途的土壤（如人类住区、葡萄种植），共计 800 个区域。2002 年，德国弗朗霍夫大学会建立了联邦环境标本库，在全国随机选取 11 个场地，进行环境质量评估并为联邦环境部的环保和自然保护措施的实施和成效评估提供科学依据。

对长期土壤监测区，通过联邦和各联邦州之间的行政协议规定进行数据交换，并绘制数字地面负荷图。监测指标包括 pH 值、有机碳含量、C/N（碳/氮）比例、重金属（如镉、铅、铬、铜、镁、镍、锌）含量。对于居住区域，识别并考虑土地用途（如居住、公园、商业区）对其影响并关注有机污染物（如多环芳烃、多氯联苯、二噁英）；对于非居住区域，识别并考虑土地用途、岩石类型、山洪区域、排放负荷等对其影响。

6. 意大利

意大利土壤背景值的确定由大区环保局负责。以威尼托地区土壤中金属和类金属背景值确定为例，采样点的选择按照 ISO 19258：2005 的分类方法，将威尼托地区分为平原区和山区。平原区的采样深度为表层 40～50 cm，深层 70 cm 以下；山区的采样深度，表层因地貌不同差别很大，深层为 70 cm 以下。具有相同土壤基质和矿物组成的平原和山区的监测值可以反映出土壤中重金属的浓度分布。当单元的背景值超过国家标准值，在土壤污染评价时就不能以国家标准来判定。当表层和深层浓度比值超过 2 时，表明这些单元受到人为污染。

意大利实行污染场地数据申报制度，工业企业有责任提供企业内部场地环境信息，如果是高污染企业、可能造成土壤污染的，政府可强制企业开展土壤监测。环保技术部门承担企业周边环境污染的日常监测。

7. 瑞典

1990 年，瑞典正式着手全国范围内的污染场地修复工作，瑞典环保署被授权制订瑞典全国的污染场地修复计划，目的是基于已有信息，调查工业分支、识别优先修复的地块。

调查内容包括以下 5 个方面：识别、定量化污染地块可能引发的主要健康及环境风险，为后续调查及修复的优先度和决策提供参考，概述地区、工业及国家层面存在的问题，为地区修复数据库提供信息和依据环境风险方面的法律法规，以及对土壤限制使用所做的评估提供参考。调查步骤为初步调查、场地调查、风险评估和修复。

1992—1994 年，由瑞典环保署牵头，在各个省、市政府的支持下，瑞典尝试开展全国工业企业污染场地调查，以明确优先修复名录。除瑞典环保署之外，其他很多政府部门和相关机构都致力于污染场地的修复，包括瑞典地质调查局、省行政管理委员会、市政府、瑞典地质研究院等。清单信息被保存在由国家行政委员会拥有并管理的国家数据库里，信息可对外公开。

根据调查统计，瑞典全国约有 8 万处污染场地，按照 1～3 级的风险评估划分，其中风险最高的 1 级污染场地近 1 300 处，2 级污染场地超过 7 000 处。截至 2013 年年底，瑞典全国共修复 2 级以上污染场地超过 2 200 处。典型污染物包括铬、铜、砷、锌、铅、汞、石油烃、多氯联苯、多环芳烃、二噁英和城市污染（有机和无机混合物）。

调查不涉及建筑用地。由于瑞典实行土地私有制，全国的建设用地多为私有（尽管自 1904 年开始推行土地公有制并通过土地银行制度进行公共土地的管理，但新增公共建设用地较少），且在发放建设用地许可证时，应按规定开展场地调查，因此瑞典全国大规模调研的必要性较小，只需对建设项目进行单独的场地调查。

调查不涉及农业用地。在农业生产污染物分散于土壤表面、浓度稳定和使用量已知等假设成立的情况下，污染物的量可以估算。调查将集中在污染物深度的测算。每隔 10～50 cm 取一个土壤样本，如果深度能测算出，污染土壤的体积就能够确定。

8. 荷兰

荷兰的污染场地调查过程是持续的，逐步建立了国家污染场地数据库。1970—2005 年，建立了经地方政府确认的污染场地数据库。2005—2010 年，调查了 12 个省和 29 个直辖市的 42 万个潜在的污染场地（2 万个垃圾场、10 万个私人储油罐、10 万个填埋水渠和 20 万个工业用地），通过程序筛选出 2 000 个对人体健康和生态环境具有不可接受风险的污染场地，并发布了土壤修复的年度报告。

为期五年的潜在污染场地排查过程采用了漏斗系统，通过可能造成污染的活动和行业的许可证登记和商会记录收集了大量潜在污染场地的信息。土壤调查基于国际标准（如 ISO 标准），由中央政府认可的第三方机构实施，调查覆盖城乡地区，包括农业用地和工业用地，调查结果由 41 个省（直辖市）的主管部门评估。

荷兰的土地功能分为：农业/自然、住宅和工业，均有相应的土壤质量标准。在主管部门规划某一区域的土地功能时，土壤质量应与土地功能相匹配。若不匹配，则应进行土地管理或土壤修复。荷兰法律规定，当私营企业申请新的许可证时，应提供土壤调查信息；当存在土壤污染的合理怀疑时，可强制私营企业进行土壤调查。同时，法律规定对农业用地开展特定农业活动需要土壤保护服务。农民应负责调查土壤质量，获得更多的土壤信息。在所有潜在污染场地中农业用地占 25%。

9. 澳大利亚和新西兰

2006 年，澳大利亚和新西兰的资产协会合作，两国制定同一不动产评估准则并就土壤污染评估各自制定评估准则，发布了《危险活动和行业列表》，指出活动或行业可能的危害物质。公民或利益相关方可进行申报和登记。

相关部门通过风险筛选系统（RSS）、初步调查、详细调查来确定和量化污染；借助完整详细的现场检查记录编制土地使用历史信息并进行追踪；由专家顾问协助提供关于该场所的历史报告，了解该处附近进行的主要工业生产工艺、废弃物处置场所、污染源和污染水迁移途径、地下污水池的存在和目的、有害物质泄漏的迹象等；最终进行分类和管理。

10. 加拿大

1989 年，加拿大发布国家污染场地修复五年纲要，以评估和修复加拿大的高危污染场地。为保证场地评估的一致性和连贯性，1992 年，加拿大环境部长委员会出台污染场地国家分类系统，并于 2008 年进行了修订。2002 年，加拿大建立联邦污染场地名录。

污染场地国家分类系统作为场地筛选工具，为采取进一步行动（如场地表征、风险评估、修复）的决策提供技术支持。该系统从场地的污染源、暴露途径和受体三方面进行评价，使用加和数值法，对大量场地特征或场地要素赋值，分成几种可能的模式（如污染物的物理状态、场地的地形）制订评价因子，可以简化场地评估过程。

二、发达国家和地区的土壤调查特点

（1）土壤调查受到自然地理条件、气候条件、历史发展阶段、土地所有制、土地用途和调查目的等因素的影响。美国的土壤调查经历了从分散到集中的过程，日本曾多次开展专项土壤调查。

（2）发达国家的土壤污染调查形式主要有土壤调查和污染场地调查。有些国家和地区建立了固定的土壤监测机制，如欧盟、德国和意大利。此外，日本比较特殊，自 1987 年开始每年对规定城市进行土壤污染的问卷调查。

（3）发达国家和地区的大范围土壤调查开始较早，完成周期长；多以政府为主体，财政出资；多由农业或地质的相关部门牵头负责；多以农业实践或地质研究为目的；多分阶段、分详细程度逐步推进；多侧重于土壤肥力和性质调查；多建立土壤图。美国和日本早期开展的全国性土壤调查多服务于农业生产，欧盟、英国和德国开展了全面土壤数据和地质研究。

（4）发达国家的污染场地调查多针对一定区域范围内的场地，对场地筛选要求较高；多指明责任主体的责任，多采取责任主体出资或者公私合作模式（PPP）；多由环保相关部门牵头负责；多采用登记、识别的方式逐步累积，进而形成国家或地区污染场地清单；技术路线相似，多按地域、行业、特征污染物等指标分类，进行风险分析和排序以便分类管理；多建立清单/名录数据库。美国、意大利、瑞典、澳大利亚、新西兰和加拿大等国家均对本国污染场地开展了调查。

（5）农业用地土壤调查多采用"自上而下"的方式开展。

（6）发达国家实行土地私有制或土地价值资产化评估，特定行业在开业、停业和使用权转让时土地使用权人或土地所有权人有责任进行污染场地登记和评估，当地环保管理部门和公众等均有权利进行监督或登记。

三、对我国的启示

（1）需要明确土壤的"身份"信息，包括地理位置、自然地理状况、历史信息、用途信息和周边环境信息等。

（2）需要制订危险行业和特征污染物清单，包括行业信息、污染物种类和危害、污染物检测的限值标准，甚至根据行业用地年限进行危险程度区分等。

（3）对潜在污染场地的评估应保持一致性和连贯性。若采用粗查的方式，对样品检验实验室的筛选、数据分析、质量控制、数据保存格式和风险评估体系选择有一定的要求。若采用模型方式筛选，对土壤"身份"信息、情景设置、参数选择、误差分析和计算方法有一定的要求。

（4）实施方案应包括调查区域确定、布点采样指南、分析测试指标、分析测试方法、数据评价、质量控制、数据入库、信息平台管理、试点示范等具体内容。

（5）对土壤应采取分类管理，对污染场地应按照污染严重程度和使用用途分别采取自然恢复、限制用途和强制修复。

（6）农业用地土壤调查采用"自上而下"的方式开展，采样根据耕地、园地、林地、牧草地等土地分类进行，并对地下水进行采样分析。

（7）特定行业在开业、停业和使用权转让时，土地使用权人或土地所有权人有责任进行污染场地登记和评估，当地环保管理部门和公众有权利进行监督或登记。

（8）考虑到国内工业生产技术和环保要求与发达国家相比仍存在明显差距，借鉴国外经验需要进行国内适用性评估，调整相关参数。

德国北莱茵-威斯特法伦州污染场地管理经验及启示[*]

彭　政　任　永　孙阳昭

北莱茵-威斯特法伦州（北威州）是德国经济最发达地区，位于德国中西部，拥有 3.4 万 km^2 国土面积和 1 800 万人口，是以煤矿、钢铁、冶金、发电、机械制造为主要经济支柱的老工业基地，该州境内的鲁尔工业区曾是德国历史上的重污染地区。20 世纪 70 年代以来，随着煤炭、钢铁等传统工业的衰退，北威州开始进行经济结构调整，推进原有企业的技术改造，同时整治环境，消除污染，经过二三十年的努力，现在的鲁尔工业区风景如画，堪称经济结构转型、可持续发展的典范。

北威州早在 30 多年前就开始了工业污染场地的治理工作，从其历程来看，污染场地治理是一个持续和逐渐深入的过程，本文分析介绍北威州污染场地管理情况及治理经验，为我国污染场地管理提供参考。

一、北威州污染场地管理情况

（一）立法情况及管理机构

在土壤保护方面，德国的理念是保护土壤的特殊功能而不是土壤本身，根据土地功能和风险等级采取不同的土壤保护和行动措施。德国国家层面自 1999 年开始实施《联邦土壤污染防治法》和《联邦土壤污染防治和污染场地条例》，各个州还制定了自身的法律法规，各州的土壤污染防治法在一些具体的要求方面存在不同要求，如地下水污染的评估、对专家选择的要求等。同时，与之相关的水资源、废物、建筑、职业安全等方面的法律法规中对土壤污染防治提出了相关要求。

《联邦土壤污染防治法》将"土壤污染"定义为"对土壤功能产生有害影响，因此带来对个体或公众的健康损害或不利的影响的现象"。《联邦土壤污染防治法》确定了"土壤污染的预防原则"，即"任何人有义务预防土壤污染"，以及"相关方担

---

* 《环境保护对外合作中心通讯》2016 年第 12 期。

责原则"，"任何导致土壤污染的主体以及场地所有者有义务承担土壤污染治理、污染场地修复的责任，采取相关排除污染、安全保障或其他保护、限制性措施"。

1982 年，北威州发生多特蒙德-多斯特菲尔德、比勒菲尔德-布雷克等重大土壤污染事件。1988 年，北威州《废物管理法》第一次提出污染场地的管理规定，2000年通过了州《土壤污染防治法》。

北威州通过州、地区、市（县）三级管理和专门行业管理机构进行污染场地管理，管理架构如图 1 所示。

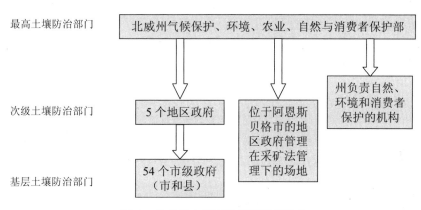

图 1　北威州土壤污染管理部门机构

（二）污染场地管理流程和场地识别的依据

德国污染场地主要有两个来源：一部分来源前废物处置设施，已经关闭的废物管理处置设施和其他设施中涉及废物处理、储存或填埋的设施；另一部分来源前工业设施，是指已经关闭的工业生产设施，曾经使用过环境危险物质进行生产的场所。污染场地管理主要包括场地识别、解释性调查、详细调查、修复方案可行性研究、修复工程实施环节，详细要点如图 2 所示。

《联邦土壤污染防治和污染场地条例》根据儿童游乐区土壤、居住区土壤、工业和商业用地土壤、农作物生长区土壤等不同类型，为土壤中污染物含量划定了不同的界限。在解释性调查和详细调查、修复方案编制中将土壤污染物浓度触发值和行动值作为土壤评估和修复的依据。触发值是指目标污染物的污染浓度水平显示场地可能存在土壤污染风险，需要进行解释性调查。行动值是指可以确定目标污染物构成土壤污染风险需要采取行动进行风险控制。

场地识别
将场地的全部信息及场地地图进行登记

解释性调查
（根据场地相关污染途径进行调查）
—编制采样方案；
—开展采样；
—分析程序；
—调查结果的评估

详细调查
（深入调查）

调查和编制修复方案（可行性研究）

修复行动
（同时进行监测和修复后场地维护）

图2　德国污染场地管理流程

污染场地的污染暴露途径包括土壤对人体、土壤对植物、土壤对地下水、土壤对地表水、土壤对室内空气的集中主要暴露途径（图3）。在联邦土壤污染防治和污染场地条例中规定了土壤对人体、土壤对植物、土壤对地下水的触发值和行动值，但对土壤对地表水、土壤对室内空气的暴露途径尚没有出台相关判定值。

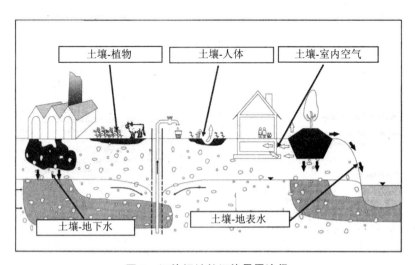

图3　污染场地的污染暴露途径

（三）场地修复的目标和技术手段

在《联邦土壤污染防治法》中，场地修复主要通过三种方式来实现三个层次的目标：①以消除或减少污染物为目标，采用相应的污染消除措施；②以防止或减少污染物的扩散为目标，并不削减污染物本身，采用相应的安全阻隔措施；③以减少土壤物理、化学或生物特性的有害影响为目标，采用保护性和限制性措施，特别是限定场地或土地使用用途的措施。

方式1和方式2均涉及修复工程，北威州所使用的主要修复技术为原位阻隔和清挖填埋（图4）。截至2010年，全州已识别的污染场地总数为84 841个，其中24 762个完成了风险评估，其中采取工程修复的污染场地为7 201个（表1），可见工程修复的污染场地只占全部识别污染场地中的一小部分，大部分还是通过非工程的方式进行污染场地风险管理。

表1　北威州在污染场地识别、风险评估与修复情况

	2006 年	2010 年
已识别的污染场地数量	55 764	84 841
填埋场的污染场地数量	21 313	31 667
工业生产场所形成的污染场地数量	34 451	53 174
完成了风险评估的场地数量	14 540	24 762
完成修复的场地数量	5 319	7 201

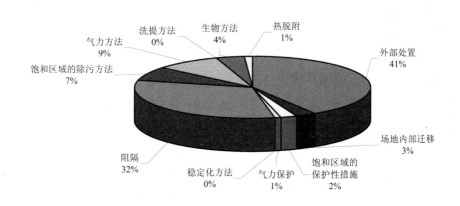

图4　北威州污染场地修复技术情况（截至2014年2月15日）

地下水修复技术主要包括：将污水抽出异位处理和原位技术包括；自然稀释的保障性措施。填埋场地和污染气体的修复技术主要包括：土壤气的提取；被动的气

力处理方式。

针对北威州典型的矿业、焦炭和煤气厂污染场地的修复策略主要包括以下几步：①厂房拆除；②污染物清挖和场内处置；③采取保障性阻隔措施；④对高污染土壤和材料清挖和污染治理；⑤对地下水进行泵抽出和处理的方式净化处理。

（四）修复资金的来源

《联邦土壤污染防治法》中规定了污染者应对土壤修复负责，当污染者无法担责时，由场地拥有者担责；当场地拥有者也无法担责或当修复所需资金超过土地价值时，由当地政府承担修复职责，如果该场地将出售，当地政府将从中获得赔偿资金可用于修复。而现实的修复案例中，1/3 案例的费用来自污染者或者场地所有者，1/3 的案例来自新的投资人，1/3 的案例来自政府。

北威州从 1983 年起建立污染场地修复的专项基金。截至目前，北威州已投入近10 亿欧元用于污染场地的调查评估、修复，其他资金由地方政府、污染者、场地所有者和场地投资方提供。

（五）推行公私合作模式

北威州成立了一个服务于污染场地修复和棕地再开发利用的行业社会团体污染场地修复和棕地再开发协会（AAV），成员来自州、市、县政府和企业，由 AAV 成员共同协商确定其目标、任务，对相关项目实施进行组织协调和融资。AAV 成员基于自愿原则，开展工作、提供资金和专家咨询服务，从而针对不同观点和方法，使相关方达成相互信任和理解，获得创新性和务实的解决方案，与此同时，在场地开发过程中承担相应的职责。

AAV 的主要任务包括根据联邦土壤保护法令中条款及相关要求管理和执行项目，组织场地调查、修复方案设计以及实施修复工程。通过对污染场地的再开发利用，减少自然资源土地的占用和农业用途土壤侵占。为了促进污染场地修复和再次利用，鼓励研发、试验污染场地修复的新技术和新方法。自 2013 年 3 月，AAV 章程修订后，AAV 成员的业务范围也得到了进一步扩展，主要包括为了实施欧洲工业排放指令和欧洲废弃物框架指令，开展土壤和地下水质量调查及提供报告；在污染场地修复过程中，引进和使用新的修复技术；为废弃物处置企业提供安全保障服务；当遇到技术或法律方面的问题时，发挥调解疏导的作用；解决场地修复和再开发中遇到的其他问题；针对已修复的场地，承担对其有条件的担保职能。

二、污染场地治理经验

（一）钢铁之城-杜伊斯堡的污染治理之路

杜伊斯堡是德国西部鲁尔区重要工业城市，位于鲁尔河注入莱茵河处，人口为54.2万人，为欧洲最大内陆河港，德国主要的钢铁工业中心，年钢产量2 200万t。该区域的主要工业为钢铁冶炼和炼锌、炼铝等有色金属冶炼，由于早期生产工艺、环保控制落后，生产过程高浓度的粉尘向大气排放，金属冶炼粉尘中含有高浓度的铅、镉等重金属，长期的高浓度粉尘沉积导致该市范围大部分土壤受到铅、镉等重金属污染。

杜伊斯堡市污染土壤治理是一个持续的环境治理工作。该市首先开展了全市范围土壤污染调查，发现主要的污染物为铅和镉，浓度分布图如图5所示。结果表明总面积66 km^{2}的居民区、操场、游乐场所（约占全市面积的30%）污染物浓度超过触发值，需要开展详细调查。

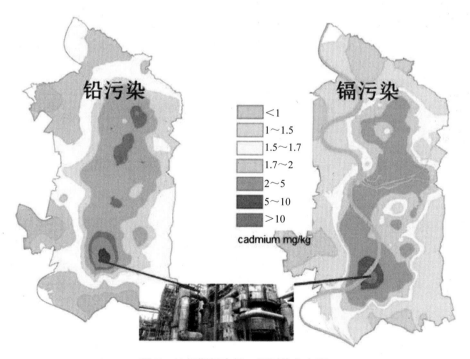

图5　杜伊斯堡市铅、镉污染分布图

根据超过 5 000 个样品的流行病学和地理统计信息分析，确定了该市的铅、镉的行动值（表 2），通过行动值 2 和行动值 1 确定重度污染区和次重度污染区，并分别采取不同的修复和污染防控措施。

表 2　杜伊斯堡市铅、镉的触发值和行动值

铅（Pb）			
场地类型	触发值/（mg/kg）（联邦土壤保护法）	行动值 1/（mg/kg）	行动值 2/（mg/kg）
操场、游乐场	200	400	950
居民区	400	800	1 900
房屋花园	200	400	950
镉（Cd）			
场地类型	触发值/（mg/kg）（联邦土壤保护法）	行动值 1/（mg/kg）	行动值 2/（mg/kg）
操场、游乐场	10	15	20
居民区	20	30	40
房屋花园	2	2，2	5，5

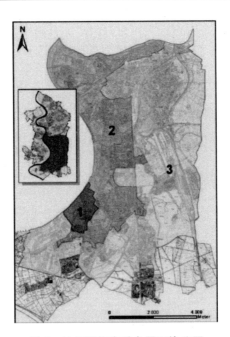

图 6　杜伊斯堡市重金属污染分区

在详细调查后，确定了污染场地范围进行分区治理（图 6）。超过行动值 2 土壤浓度的区域 1 为重度污染区，面积为 1.9 km²，位于该区域的 320 户居民需要搬出，且禁止在该区域进行种植活动，须更换表层土壤；超过行动值 1 低于行动值 2 的区

域 2 为次级污染区，面积为 19.5 km²，该区域 15 000 户居民居住，政府行政指令要求住户花园种植食用性农作物的面积须限定在 10 m² 以下；区域 3 为轻度污染区，不需要采取措施，但鼓励在表层土上覆盖新土。

（二）改造废弃工业设施

随着经济发展、工业结构调整的需求，生产运行了 100 多年的蒂森公司（August Thyssen）梅德里希钢铁厂于 1985 年停产。随后企业主将所有权转移给当地政府，政府面临着如何解决这个庞大废弃工业设施的污染场地治理、危险废物处置和后续开发利用等棘手问题。

1991 年，政府公开征集了对该设施的综合利用方案，改建后工业景观公园的方案以"最大限度地保留原有生产设施，让后人理解过去的工业"为理念脱颖而出，最终获选。经过改造，北杜伊斯堡工业景观公园于 1994 年正式开放。

工业景观公园对原有设施尽可能减少大幅改动，并加以适量补充。首先，工厂中的构筑物都予以保留，部分构筑物被赋予新的使用功能。工厂中原有的废弃材料也得到尽可能利用。其次，工厂中的植被均得以保护，荒草也任其自由生长。最后，水的循环利用采用了科学的雨洪处理方式，达到了保护生态和美化景观的双重效果。最大限度地保留了工厂的历史信息，利用原有的"废料"塑造公园的景观，从而最大限度地减少了对新材料的需求，节省了投资。经过 4 年多的努力，这个昔日的炼铁厂被改造成为一个占地 230 hm² 的综合休闲娱乐公园，成为集教育、休闲、娱乐、会议为一体的综合休闲娱乐公共服务设施。

北杜伊斯堡工业景观公园的改造过程中采取的污染治理和措施包括：①完成了污染场地调查和风险评估；②清理处置了厂区内全部危险废物；③对可能的污染物接触途径进行隔离处理、场地路面硬化处理；封闭高风险的区域，防止游人入内；④该公园有一个约 300 名员工组成的组织机构进行运营管理。在改造治理过程中，管理方并没有对其体量巨大的污染土壤和地下水污染进行治理，针对污染土壤和污染的地下水只是采取阻隔的方式，防治其污染环境和人体健康，待经济和技术条件具备后，逐步开展治理。

（三）重金属污染操场修复方案

在土壤质量调查中，杜伊斯堡市环保部门发现不少学校、幼儿园操场的铅、镉等重金属超标。追溯原因，发现这是 20 世纪 90 年代建设企业大量利用炼锌厂废渣铺设操场的结果，环保部门在当时并没有意识到这种废渣的利用方式的潜在环境污染风险。随着时间的推移，炼锌废渣中检测出含有高浓度的铅、镉等重金属，应作为危险废物管理。目前，该市计划将全部使用炼锌废渣的操场进行表层清挖、覆盖新土的方式隔离处理。

（四）全氟化合物污染

全氟化合物（PFC）具有持久性和生物累积性，以及生殖毒性、诱变毒性、发育毒性、神经毒性、免疫毒性等多种毒性。PFC 是一种表面活性改性剂，被广泛应用与电镀、纺织、半导体、消防、采油行业。近年来，PFC 的场地污染逐步引起全球关注。PFC 中的全氟辛基磺酸及其盐类和全氟辛基磺酰氟是斯德哥尔摩公约 2011 年新增列的持久性有机污染物（POPs）。

北威州杜塞尔多夫市（杜塞市）测出了地下水 PFC 浓度超过 1 000 ng/L，湖泊中 PFC 浓度高达 2 330 ng/L，湖泊中鱼体内检测出高达 180 μg/kg 浓度的 PFC，显著高于环境背景和未污染生物样品。杜塞市环保局通过 10 年近千次的采样检测分析研究，逐步锁定了 PFC 的污染排放源，主要为消防训练场地、消防局、发生过火灾的地点、燃料仓库。同时也确定了受到 PFC 污染影响的区域，主要包括自来水厂、当地的饮用水、垂钓者、冲浪俱乐部、养马农场及农田、私人花园的水井。

杜塞市政府于 2013 年 5 月颁布了一般法令公告，从 2013 年 5 月起 15 年内禁止使用地下水进行灌溉。该公告为预防性的健康保护措施，防止由于使用地下水灌溉而导致 PFC 在土壤中累积，同时也防止由于抽取地下水导致 PFC 污染的转移。在受污染的湖泊周围竖立了 3 块大的信息公告牌，10 块禁止游泳的警示牌，召开 4 次公众信息发布会，让公众了解 PFC 污染的情况。

同时，杜塞市采取了一系列工程管理措施：构建地下水中污染隔离带，防止污染进一步扩散。在消防局、消防训练基地等污染源开展了 PFC 污染土壤修复；对地下水 PFC 情况进行持续监测；对 PFC 地下水处理技术提出了技术路线（图 7），并进行了技术示范。

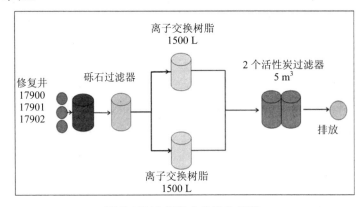

图 7　PFC 污染水的净化工艺

三、对我国土壤污染防治的建议

德国北威州 30 多年的土壤污染治理、污染场地修复和再开发的历程，及其在管理法规、技术标准、技术应用等方面取得的成果经验，将为我国的土壤污染治理工作提供重要参考和借鉴。立足我国土壤污染防治计划实施情况，在土壤立法、技术标准、支撑体系、技术研发、公众意识等方面提出如下建议：

（1）系统地学习了解德国在土壤污染防治方面从国家到各州层面的法律，以及与之配套的相关法规，了解其成熟做法、经验教训；系统梳理其管理流程及相关方在土壤污染防治全生命周期的责任义务，为我国正在进行的土壤污染防治法的起草工作提供借鉴。

（2）系统地分析比较德国土壤污染防治标准体系，包括土壤环境监测、调查评估、风险管控、治理和修复、场地修复后评估与管理等技术标准规范，特别是结合我国土壤污染特点对其在污染场地调查中污染物的触发值和行动值应进行吸收借鉴。

（3）学习土壤污染管理的一系列做法。以公私合作伙伴模式为基础构建利益攸关方的合作平台，推动污染场地修复及其再开发利用；修复资金采用多方融资模式；对修复后的污染场地设立风险担保基金；废弃工业场地的污染治理和再开发；区域土壤环境质量调查和监测网络建设；对废弃物填埋等处置设施进行重点管理和监控等。

（4）德国已经完成了大量的污染场地工程修复，但北威州工程修复的场地数量不足已识别场地的 10%，可见大部分的污染场地是通过制度控制方式进行风险管理的。我国也将同样面对有限的资金和技术的限制，只能按照问题管理思路，通过工程修复的方式解决最高风险的那部分土壤污染问题，剩下那部分通过制度控制的方式管控起来，待条件具备的时候，再进行必要的工程治理。即使工程修复，最主要的修复目的是阻断污染物对人体、环境的污染，而不是以消除污染物为目标，因为目前不论从技术还是资金的角度都难以实现。

（5）尽早启动全氟类化合物（PFOS/A）等类环境激素地下水、地表水调查评估工作、开展这类新化学品污染物的管控制度和污染防治技术研究。密切跟踪先进国家的研究动向和管理措施，推动我国在这类新化学品环境质量调查、管理制度和污染防治技术方面的研究。

（6）及时进行污染场地调查情况信息公开，结合土壤环境信息系统构建，构建通畅的土壤环境和污染场地信息公开平台，宣传土壤污染防治知识与帮助民众正确对待保护土壤环境质量、土壤污染问题，树立正确的认识观。

第四篇

环境公约履约

《关于消耗臭氧层物质的蒙特利尔议定书》谈判进展情况（2016 年 1—7 月）

刘　侃　鲁成钢　景玲玲

根据《关于消耗臭氧层物质的蒙特利尔议定书》（以下简称"蒙约"）第 27 次缔约方会议决定，于 2016 年举行一系列不限成员名额工作组会议（OEWG）和其他会议，包括一次缔约方特别会议，在蒙约范围内就关于氢氟碳化合物（HFCs）的修正案开展工作。2016 年 1—7 月，蒙约下共召开了 4 次与 HFCs 相关的会议，分别是第 37 次不限成员名额工作组会议（OEWG37）、OEWG37 续会、第 38 次不限成员名额工作组会议（OEWG38）和缔约方第三次特别会议（ExMOP3）。现就会议情况简要汇报如下所述。

一、2015 年进展回顾

建立联络小组，讨论 HFCs 管理问题。2015 年 10 月，第 36 次不限成员名额工作组会议（OEWG36）上，各方就建立一个 HFCs 管理的可行性与途径问题联络小组达成一致，并向缔约方会议提交了决定草案。OEWG36 续会上，不限成员名额工作组商定了拟设立的 HFCs 管理的可行性与途径问题联络小组的任务。2015 年 11 月 1—5 日，第 27 次缔约方会议（MOP27）上，各缔约方商定设立 HFCs 管理可行性与途径问题联络小组，由 Patrick McInerney 先生（澳大利亚）和夏应显先生（中国）担任共同主席。

通过迪拜路径，确立两步走的工作方式。MOP27 通过了第 XXVII/1 号决定"氢氟碳化合物迪拜路径"，确定"2016 年在'蒙约'范围内就一份关于 HFCs 的修正案开展工作"。第 XXVII/1 号决定中附件一明确了联络小组的任务。缔约方应通过联络小组内产生解决方案首先解决提及的挑战（联络小组任务中所列 8 项挑战+OEWG35 会议报告所列 19 项挑战），随后在联络小组内讨论管理 HFCs 的途径，包括缔约方提交的修正提案。第 XXVII/1 号决定中附件二列出了缔约方形成一般性共识的部分挑战（供资、灵活度、第二阶段和第三阶段转换、向执委会提供的指导、扶持性活动、高环境温度国家豁免）。

二、OEWG37，2016 年 4 月 4—8 日，日内瓦

MOP27 决定在 2016 年举行一系列不限成员名额工作组会议和其他会议讨论 HFCs 的管理问题。OEWG37 是 2016 年首个召开的此类会议，专门按照第 XXVII /1 号决定所述讨论关于 HFCs 的问题，首先就第 XXVII/1 号决定所列挑战提出解决方案。

会前，秘书处为 OEWG37 制作了一份表格，将第 XXVII/1 号决定附件二中形成一般性共识的部分挑战，与联络小组任务中所列出的 8 项挑战以及 OEWG35 次会议明确的另外 19 项挑战加以对照，将各项挑战依据第 XXVII/1 号决定归并为八大项挑战，纳入联络小组的任务。八大项挑战分别为：①发展中国家的特殊情况；②资金机制；③技术转让（包括知识产权）；④国家战略的灵活性；⑤豁免；⑥与 HCFCs 淘汰的关系；⑦与非缔约方的贸易条款；⑧与 UNFCCC 的关系。联络小组分成若干非正式讨论组，对上述八大项挑战进行讨论。

OEWG37 次会议上，联络小组对其任务规定所列的所有挑战做了首次审查总结，并在产生解决方案方面取得了重大进展，主要包括关于豁免高环境温度国家的拟议案文，以及就供资及执行的灵活性所涉及的某些方面的挑战提出解决方案。

在对高环境温度国家的豁免方面，联络小组原则上批准了"高环境温度"的定义，并初步确定了适用高环境温度豁免的设备清单和高温豁免国家的暂定名单。具有高环境温度状况的缔约方，如果没有合适的替代品供特定分部门使用，可以申请高环境温度豁免，但有数据报告义务。初始豁免期限为 4 年，之后每 4 年正式通知希望延长豁免。技术和经济评估小组（TEAP）及其附属机构应对替代品适用性情况开展评估，缔约方据此对特定分部门的豁免进行审查。

在有关供资和灵活性方面，非正式小组提出了解决方案。解决方案中提出了总体原则和时间表；界定了 HFCs 淘汰中一次转换的定义，确定了二次转换和三次转换获得多边基金供资的原则；商定了符合供资条件的 HFCs 消费量的确定方式；明确了多边基金将资助的扶持性活动。

由于联络小组尚未完成对所有挑战提出解决方案，因此大会决定在 OEWG38 前夕，召开 OEWG37 的续会，继续讨论相关挑战。

此外，OEWG37 开幕式上，臭氧秘书处执行秘书提请各缔约方注意一份关于蒙

约下 HFCs 管理范围内法律事项的简报①。该简报由臭氧秘书处经与《联合国气候变化框架公约》（UNFCCC）秘书处磋商后编写。简报明确，两个机制均独立自主，只有蒙约缔约方会议有权对蒙约做出修正并决定是否解决 HFCs 问题，而且只能由 UNFCCC 缔约方会议来阐明蒙约的修正如何影响气候机制。蒙约下对 HFCs 生产和消费的任何控制措施可与 UNFCCC 下减少 HFCs 排放的措施共存。蒙约可被看成气候机制下实现减排的一种手段。

三、OEWG37 续会，2016 年 7 月 15—16 日，维也纳

OEWG37 续会的目的是继续对各项挑战的解决方案展开讨论。会上，联络小组的讨论取得了实质性进展，各方对迪拜路径中识别出来的各项挑战的解决方案基本达成共识（尽管某些挑战的解决方案仍然需要在修正案谈判过程中进一步讨论），形成了一揽子解决方案（表 1）。

大会主席表示，将向 OEWG 38 汇报这些已经达成共识的解决方案，并允许进入迪拜路径的第二步，就 HFC 的修正提案进行谈判。

四、OEWG38，2016 年 7 月 18—21 日②，维也纳

OEWG38 除了常规议题之外，开始对 HFCs 修正案的主要内容进行谈判。

修正案的主要要素包括基线值、削减时间表、第五条款国家实施方面的延迟宽限期、受控物质清单、许可和报告要求、多边基金为协助第五条款国家履行修订案规定义务而提供的财政支持、与 HCFCs 淘汰的关系、HFC-23 问题等。目前，缔约方提交的四份修正案中，上述要素的基本情况如表 2 所示。

OEWG38 上，联络小组就修正案中最具挑战性的要素，即第五条款缔约方（发展中国家）和非第五条款缔约方（发达国家）各自的基线、冻结日期和削减时间表进行了讨论。

与会各方对上述要素进行了激烈的讨论，但并未达成一致结果。最后，提交大会的是一张表格，初步列出了各国表示可以初步承诺的基线年和冻结年。

---

① Briefing Note on Legal Aspects in the context of HFC Management under the Montreal Protocol, http://conf. montreal-protocol.org/meeting/oewg/oewg-37/presession/Background_documents/Briefing_note_on_legal_synergies.pdf

② 2016 年 7 月 22—23 日，OEWG38 和 ExMOP3 并行召开。因此，这部分内容的时间跨度为 7 月 18—23 日。

表 1　HFCs 管理的八项挑战及解决方案

挑战	解决方案①	
	OEWG37	OEWG37 综合
1. 发展中国家的特殊情况 重视和认可发展中国家特殊情况以及《蒙特利尔议定书》下有关让第五条缔约方能够有足够额外时间履行承诺的原则	挑战 1 涉及范围广泛，因此在此项挑战下产生的许多问题，可以结合其他方面的挑战来处理。关于发展中国家特殊情况的剩余问题，可以在讨论修正提案过程中处理。	
2. 资金机制 维持多边基金作为财政机制，第五条缔约方为管理氢氟碳化合物产生的费用由非第五条缔约方提供额外财政资源予以补偿。在此方面，将由联络小组编写多边基金向第五条缔约方提供财政资助的主要内容，向多边基金执行委员会提供指导，并考虑到缔约方的关切	MOP27 第 XXVII/1 号决定附件一就供资有一般性共识。 OEWG37 就供资及执行的灵活性所涉及的某些方面挑战提出解决方案。详见会议文件 UNEP/OzL.Pro.WG1/37/7 附件四。 提出了总体原则和时间表；界定了 HFCs 淘汰中一次转换和三次转换获得多边基金供资的原则；商定了符合供资条件的 HFCs 消费量的确定方式；明确了多边基金将供资助的扶持性活动	详见会议文件 UNEP/OzL.Pro.WG1/38/7 附件一。 维持多边基金作为财政机制，第五条缔约方因商定的 HFCs 义务产生的费用由非第五条缔约方提供充足的额外财政资源予以补偿。 对消费制造业部门、生产部门和服务部门应该列入该项目的项目（服务业案文中括号内保养补给制冷剂的增量成本计算费用，机动车空调保养补偿制冷剂给制冷剂的增量成本等）将在修正案谈判过程中进行讨论。
3. 技术转让（包括知识产权） 第 XXVII/9 号决定第 1（a）段的要素，包括对管理氢氟碳化合物的可行性与途径进行审议所涉及的知识产权问题		减少 HFC-23 的排放，办法包括减少其在生产流程中的排放，将其从废气中消除，或者收集转化为其他无害环境的化学品；多边基金应为此供资。 注意到替代品的可得性问题正在其他挑战，特别是…… 为消除国际安全标准方面的障碍，必须及时更新易燃低全球升温潜能值制冷剂的国际标准，并支持促进行动。采用第 XXVII 9 号决定第 1（a）段所述标准定期审查替代品，缔约方将在不限缔约方名额工作组第三十八次会议上进一步讨论这一问题

① UNEP/OzL.Pro.WG1/37/7、UNEP/OzL.Pro.WG1/38/7.

挑战	解决方案①	
	OEWG37	OEWG37 续会
4. 国家战略的灵活性 执行中的灵活性，使各国可制定各自的战略，并设定国内各领域的优先事项	MOP27 第 XXVIII/1 号决定附件二已达成解决方案，OEWG37 再次确认。灵活性问题的有些方面也正在关于筹资问题和执行灵活性的第二个挑战下进行讨论。 第五条缔约方将具有一定的灵活性，可根据具体需求和国家情况，遵循由国家主导的方法，将 HFCs 列为优先事项，确定部门，选择技术或替代品，制定并执行上述战略以履行商定的 HFCs 义务。执行委员会应将上述段落中的原则纳入相关准则及其决策过程	
5. 豁免 豁免程序以及替代品定期审查机制，包括根据第 XXVI/9 号决定第 1 (a) 段中列出的所有要素，审查第五条缔约方所有替代品的可用或不可用情况，以及高环境温度国家的特殊需要	详见会议文件 UNEP/OzL.Pro.WG.1/37/7 附件三。 原则上批准了"高环境温度"的定义，并初步确定了适用高环境温度豁免的设备清单和高温豁免国家暂定名单。 具有高环境温度状况的缔约方，如果没有合适的替代品供特定部门使用，可以申请高环境温度豁免，但有数据报告义务。 初始期限为四年，之后每四年正式通知希望延长豁免。 技术和经济评估小组（TEAP）及其附属机构应对替代品适用性情况开展评估，缔约方据此对特定部门的豁免进行审查	重申高环境温度的定义和相应的高环境温度国家名单将由技经评估组（TEAP）审查，以确定是否有更多国家可列入名单：已经确定为高环境温度的国家将继续列于高环境温度的豁免清单。 在 20××年审议这些豁免的机制，包括多年期豁免机制

挑战	解决方案①	
	OEWG37	OEWG37 续会
6. 与 HCFCs 淘汰的关系		缔约方承认 HFCs 和氢氯氟碳化合物（HCFCs）削减时间表在有关部门之间的联系，倾向于避免从 HCFCs 过渡到高 GWP 值的 HFCs；如果没有其他技术上得到验证且经济上可行的替代品可用，愿意给予灵活性。 缔约方还承认对于某些部门（特别是工业流程制冷）的这些联系，倾向于避免从 HCFCs 过渡到高 GWP 值的 HFCs；如果没有其他替代品可用，且符合下列情况，愿意给予灵活性：（1）可能无法从现有允许消费、库存以及回收再循环材料得到氢氟碳化合物供应；（2）如果日后能从 HCFCs 直接过渡到低 GWP 值或零 GWP 值的替代品
7. 与非缔约方的贸易条款		非缔约方贸易条款在从第五条缔约方冻结日起五年后对所有国家生效
8. 与 UNFCCC 的关系 在根据《蒙特利尔议定书》对氢氟碳化合物进行管理的背景下，与《气候公约》相关的法律方面、协同增效和其他问题		不限成员名额工作组商定，这一挑战尚未完成，最好在 HFCs 修正案谈判过程中进一步讨论，从而更明晰地确定根据修正案可在《蒙特利尔议定书》下采取的办法

表 2　四份修正案中关键要素的基本情况

修正案	基线年		冻结年		基线值		削减时间表	
	A5 国家	非 A5 国家	A5 国家	非 A5 国家	A5 国家	非 A5 国家	A5 国家	非 A5 国家
北美三国	2011—2013 年	2011—2013 年	2021 年	2019 年	2011—2013 年 HFC 用量和产量均值的 100%+HCFCs 用量和产量均值的 50%	2011—2013 年 HFC 用量和产量均值的 100%+HCFC 用量和产量均值的 75%	2021 年：100% 2026 年：80% 2032 年：40% 2046 年：15%	2019 年：90% 2024 年：65% 2030 年：30% 2036 年：15%
欧盟	生产：2009—2012 年 消费：2015—2016 年	2009—2012 年	2019 年 冻结生产	2019 年 冻结生产	生产：2009—2012 年 HFCs 年均产量+2009—2012 年 HCFCs 年均产量的 70% 消费：2015—2016 年 HFC+HCFCs 的年均消费量	2009—2012 年 HFCs 年均量+2009—2012 年 HCFCs 年均产量年 HCFC 生产/消费基线领限额的 45%	2019 年：100% 2045 年：15% 2020 年前就各阶段的削减目标达成一致	2019 年：85% 2023 年：60% 2028 年：30% 2034 年：15%
印度	2028—2030 年	2013—2015 年	2031 年 冻结使用	2016 年 冻结使用	2028—2029 年 HFC 消费计算数量的均值+HCFCs 基线的 32.5%	2013—2015 年 HFC 消费的计算数量的均值+HCFCs 基线的 25%	2031 年：100% 2050 年：15% 削减计划提前 5 年制定	2016 年：100% 2018 年：90% 2023 年：65% 2029 年：30% 2035 年：10%
小岛国①	2015—2017 年	2011—2013 年			2015—2017 年 HFC 的 65%+HCFC 基准的 65%	2011—2013 年 HFC 的 100%+HCFC 基准 10%	2020 年：85% 2025 年：65% 2030 年：45% 2035 年：25% 2040 年：10%	2017 年：85% 2021 年：65% 2025 年：45% 2029 年：25% 2033 年：10%

① 包括基里巴斯、马绍尔群岛、毛里求斯、密克罗尼西亚联邦、帕劳、菲律宾、萨摩亚和所罗门群岛。

表 3　各国表示可初步承诺的基线年和冻结年

A5 国家		
国家	建议基线年范围（HFC 部分）	冻结时间
海湾国家	2024—2026 年	2028 年
中国、巴基斯坦	2019—2025 年	2025—2026 年
印度	2028—2030 年	2031 年
非洲集团、太平洋岛国、拉丁美洲立场相近国家、欧盟和伞形集团	2017—2019 年	2021 年
马来西亚、印度尼西亚、巴西、阿根廷、加勒比海地区英语国家、古巴	2021—2023 年	2025 年
伊朗	2024—2027 年	2029 年
非 A5 国家基线、冻结时间/第一阶段减排		
欧盟和伞形集团	2011—2013 年	2019 年：基线的 90%
白俄罗斯和俄罗斯联邦	2009—2013 年（有待政府确认）	2020 年：基线的 100%

此外，OEWG38 上各缔约方先后递交了 6 份会议室文件（Conference Room Papers，CRPs），包括两份来自中国的会议室文件，分别是有关建立协调机制促进制冷剂国际安全标准修订和 2017 年实验室及分析使用的必要用途豁免。

其中，建立协调机制促进制冷剂国际安全标准修订的 CRP 文件目的是建立协调机制，加强与相关国际和区域性标准制定机构的沟通，以便高效及时地更新和修订关于在制冷和空调产品与设备中使用替代物质（包括可燃制冷剂）的国际安全标准，促进向低 GWP 值替代品的过渡，并保证其安全使用，从而帮助缔约方履行在蒙约下的各项义务。该文件得到了很多缔约方的关注和支持，修改后的文本将在 10 月的蒙约缔约方会议上继续讨论。

五、ExMOP3，2016 年 7 月 22—23 日，维也纳

此次特别会议是根据第 XXVII/1 号决定"关于氢氟碳化合物的迪拜路径"举办。来自 150 个国家、25 个国际组织和政府间组织、42 个非政府组织及观察员组织的 500 多名代表（包括 36 个部长级官员）出席大会。奥地利联邦农业、林业、环境和水资源管理部长 Andrä Rupprechter 先生、联合国工业发展组织总干事李勇先生、联合国环境规划署副执行主任易卜拉辛·塞奥先生出席会议开幕式并致辞。

会议的目的是向缔约方传达强有力的信息，鼓励各方以不限名额工作组前三次会议在解决挑战方面所做的显著进展为基础，共同努力解决关于基线、基线年份、控制措施及其他事项的未决问题。因此会议主要内容除了一场高级别会议（部长级

圆桌讨论会）之外，仍然专注在迪拜路径的谈判上。在重要议题上的谈判情况如前节所示。

　　美国、加拿大等发达国家十分重视此次会议，美国国务卿克里到会发表讲话。他强调指出，蒙约缔约方正在努力实现的目标具有重要意义，它是在应对气候变化方面可以采取的最重要的步骤之一，其重要性可与打击国际恐怖主义相提并论。他着重强调了美国对灵活性、对照顾高环境温度国家的特殊需要，以及对通过多边基金提供充足财政资助的承诺，呼吁所有缔约方通过一项关于逐步减少使用 HFCs 的修正案，从而向巴黎目标迈进。

　　此外，气候与清洁空气联盟（CCAC）于 2016 年 7 月 21 日在 OEWG38 和 ExMOP3 会间，在维也纳组织召开了合作伙伴高级别会议，聚焦如何促进蒙约在 2016 年通过一份关于 HFCs 淘汰的修正案。来自 25 个国家的部长和高级别代表参加会议，会议通过了《维也纳公报》。

　　公报中指出，CCAC 的合作伙伴强烈支持蒙约在 2016 年通过一份修正案，削减 HFCs。修正案的通过将向 UNFCCC 第 22 次缔约方释放强烈信号，以实现《巴黎协定》的目标。

《关于消耗臭氧层物质的蒙特利尔议定书》
谈判进展情况（2016 年 8—10 月）

刘　侃　鲁成钢　周晓芳

根据《关于消耗臭氧层物质的蒙特利尔议定书》（以下简称"蒙约"）第 27 次缔约方会议决定，于 2016 年举行一系列不限成员名额工作组会议（OEWG）和其他会议，包括一次缔约方特别会议，在蒙约范围内就关于氢氟碳化合物（HFCs）的修正案开展工作。2016 年 1—7 月，蒙约下共召开了 4 次与 HFCs 相关的会议，就迪拜路径中识别出来的各项挑战的解决方案基本达成共识，开启了对 HFCs 的修正提案的谈判。2016 年 8—10 月，蒙约下召开了 2 次与 HFCs 相关的会议[①]，分别是第 38 次不限成员名额工作组会议（OEWG38）续会和第 28 次缔约方会议（MOP28）。在 MOP28 上，各方以协商一致的方式，达成了限控温室气体 HFCs 的修正案（基加利修正案）。现就会议情况简要汇报如下所述。

一、OEWG38 续会，2016 年 10 月 8 日，卢旺达基加利

OEWG38 续会是在 MOP28 前夕召开，提前进行修正提案的谈判，以确保 MOP28 能够就修正案达成一致。

谈判主要是在 HFCs 管理可行性与途径问题联络小组（以下简称"联络小组"）下开展。联络小组在缔约方第三次特别会议（ExMOP3，2016 年 7 月 22—23 日）上提交了一份显示不同缔约方和小组对基线范围和冻结日期倾向的文件[②]（表 1）。各方基于这个文件就修正案的细节进行磋商。

---

① 2016 年 9 月 19—20 日，在北京还召开了一次非正式协商会议。

② UNEP/OzL.Pro.WG.1/resumed.38/2, http://conf.montreal-protocol.org/meeting/oewg/oewg-38-resumed/ presession/ SitePages/中文.aspx

表1　关于基线、冻结日期和首批削减步骤的缔约方提议[①]

第五条缔约方的基线和冻结日期		
提议方	提议的范围 （基线的氢氟碳化合物部分）	冻结日期
海合会	2024—2026 年	2028 年
中国、巴基斯坦	2019—2025 年	2025—2026 年
印度	2028—2030 年	2031 年
非洲集团、太平洋岛屿国家、拉丁美洲意见相同国家*、欧洲联盟和日本、美国、瑞士、加拿大、澳大利亚、挪威和新西兰（JUSSCANNZ）	2017—2019 年	2021 年
马来西亚、印度尼西亚、巴西、阿根廷[①]、加勒比地区的英语国家、古巴	2021—2023 年	2025 年
伊朗	2024—2027 年	2029 年
非第五条缔约方的基线、冻结日期/首批削减步骤		
欧洲联盟和日本、美国、瑞士、加拿大、澳大利亚、挪威和新西兰（JUSSCANNZ）	2011—2013 年	2019 年，基线的 90%
白俄罗斯和俄罗斯联邦	2009—2013 年[①]	2020 年，基线的 100%

注：* 尼加拉瓜、萨尔瓦多、危地马拉、委内瑞拉、智利、哥伦比亚、洪都拉斯、哥斯达黎加、墨西哥、多米尼加共和国、海地、巴拿马、秘鲁、巴拉圭（作为基础）。

① 需由政府确认。

• 基线的氢氟碳化合物部分应为连续三年消费量/生产量的平均值，以二氧化碳当量表示。

• 该基线除氢氟碳化合物部分，还应包括氢氯氟碳化合物消费量/生产量基线或实际消费量/生产量基线的百分比。

在 OEWG38 续会召开之前的两天，各方已经在基加利开始了非正式讨论，并取得了相应的进展。OEWG38 续会决定在联络小组下成立法律起草小组，负责起草修正案的文本，供 MOP28 审议。

二、MOP28，2016 年 10 月 10—14 日，卢旺达基加利

MOP28 于 2016 年 10 月 10—14 日在卢旺达基加利召开。来自 142 个国家（包括 45 个部长级高官）和国际组织与非政府组织近 800 名代表与会。经国务院批准，环境保护部副部长翟青任团长，环境保护部和外交部派员组成的中国政府代表团出席本次会议。

MOP28 以协商一致的方式达成了历史性的限控温室气体 HFCs 的修正案——基

---

① UNEP/OzL.Pro.WG.1/resumed.38/2，http://conf.montreal-protocol.org/meeting/oewg/oewg-38-resumed/presession/SitePages/ 中文.aspx

加利修正案。该修正案是继气候变化《巴黎协定》后又一里程碑式的重要文件。修正案明确了发达国家和发展中国家不同的 HFCs 限控义务，同时发达国家将为发展中国家履约提供必要的资金支持和技术援助。此外，会议还通过了一些实质性和程序性决定。其中，实质性决定包括关键用途豁免和必要用途豁免，多边基金 2018—2020 年增资研究的工作大纲；程序性决定包括预算、与技术经济评估小组（TEAP）相关的机构问题，以及 2017 年蒙约机构的成员组成等。

（一）基加利修正案

作为 MOP28 最主要的一项成果，基加利修正案将对 HFCs 进行限控。根据联合国环境规划署的评估，削减 HFCs 到 21 世纪末可避免 0.5℃的升温。相比于不受控情景，到 2050 年我国削减 HFCs 可带来 300 亿～400 亿 CO_2 当量的气候效应，为全球降温 0.5℃贡献 1/3。

修正案的主要内容包括：

1. 受控物质：两组共 18 种 HFCs

受控物质包括两组，共 18 种 HFCs（表 2）。第一组是主动生产、作为产品的 HFCs，第二组是副产品 HFC-23。

表 2　受控物质清单

第一组	GWP 值
HFC-134	1 100
HFC-134a	1 430
HFC-143	353
HFC-245fa	1 030
HFC-365mfc	794
HFC-227ea	3 220
HFC-236cb	1 340
HFC-236ea	1 370
HFC-236fa	9 810
HFC-245ca	693
HFC-43-10mee	1 640
HFC-32	675
HFC-125	3 500
HFC-143a	4 470
HFC-41	92
HFC-152	53
HFC-152a	124
第二组	GWP 值
HFC-23	14 800

受控的 HFCs 基本涵盖了使用最为广泛的 HFCs，如常被用作汽车空调制冷剂的 HFC-134a，以及房间空调器制冷剂 R-410A（HFC-32 和 HFC-125 等比例混配），但 HFC-161（ODP=0，GWP=12，HCFC-22 替代品，研究用作房间空调器制冷剂）并未包括其中。此外，HFO 类物质也未列入受控清单。

2．削减时间表

修正案中，各方达成一致的削减时间表如表 3 所示。考虑各国国情的差异，A5 国家分成了两组，设置了不同的削减时间表；非 A5 国家内部也为包括俄罗斯在内的 5 个国家设置了差异化的时间表。

表 3　修正案中达成一致的削减时间表

		A5 国家（发展中国家）-第 1 组	A5 国家（发展中国家）-第 2 组	非 A5 国家（发达国家）
基线年		2020—2022 年	2024—2026 年	2011—2013 年
基线值		2020—2022 年 HFCs 三年均值+65%的 HCFC 的基线值，折算成 CO_2 当量	2024—2026 年 HFCs 三年均值+65%的 HCFC 的基线值，折算成 CO_2 当量	2011—2013 年 HFCs 三年均值+15%的 HCFC 的基线值，折算成 CO_2 当量[*]
冻结年		2024 年	2028 年	—
削减目标	第一阶段	2029 年：10%	2032 年：10%	2019 年：10%
	第二阶段	2035 年：30%	2037 年：20%	2024 年：40%
	第三阶段	2024 年：50%	2042 年：30%	2029 年：70%
	第四阶段	—	—	2034 年：80%
	平台	2045 年：80%	2047 年：85%	2036 年：85%

注：* 对于俄罗斯、白俄罗斯、哈萨克斯坦、塔吉克斯坦、吉尔吉斯斯坦，基线值中 HCFC 的比例为 25%，在削减第一阶段和第二阶段与其他发达国家有所差异：①2020 年：削减 5%；②2025 年：削减 35%。

1. A5 国家第 1 组：不包括第 2 组在内的其他 A5 国家；

2. A5 国家第 2 组：巴林、印度、伊朗、伊拉克、科威特、阿曼、巴基斯坦、卡塔尔、沙特、阿拉伯联合酋长国（10 个国家）；

3. 2022 年及之后的每 5 年开展技术评估；

4. 在 2028 年之前 4～5 年开展技术评估，考虑是否要在 A5 国家第 2 组 2028 年冻结年基础上，申请 2 年的遵约递延时间，以应对相关行业的增长超过限控目标。

3．资金机制

MOP28 中完成了此前会议中尚未商定的问题，如符合条件生产能力的截止日期、维修部门的某些费用类别是否能够纳入成本计算等。资金机制主要议题商定结果如下所述[①]。

---

① 因为会议决定的中文版尚未发布，因此文字翻译参考此前发布的相关会议文件的中文版，详见 UNEP/OzL.Pro.WG.1/resumed.38/2，http://conf.montreal-protocol.org/meeting/oewg/oewg-38-resumed/presession/SitePages/中文.aspx

（1）总体原则和时间表

维持多边基金作为财政机制，A5 国家因商定的 HFCs 义务产生的费用由非 A5 国家提供充足的、额外的财政资源予以补偿。

A5 国家将具有一定的灵活性，可根据具体需求和国家情况，遵循由国家主导的方法，将 HFCs 列为优先事项，确定部门，选择技术或替代品，制定并执行其战略以履行商定的 HFCs 义务。执行委员会应将上述段落中的原则纳入相关准则及其决策过程。

请执行委员会在通过修正案后一年内，制定淘汰 HFCs 消费和生产的供资准则，包括成本效益阈值。

（2）列入成本计算的费用类别

消费制造业部门列入成本计算的费用类别包括：

- 增量资本成本；

- 增量运行成本；

- 技术援助活动；

- 调整和优化低 GWP 值或零 GWP 值替代品的必要研发成本；

- 必要和符合成本效益的专利和设计费用，以及专利使用费的增量成本；

- 安全采用易燃和有毒替代品的成本。

生产部门列入成本计算的费用类别包括：

- 生产设施停产/关闭以及生产减少造成的利润损失；

- 失业工人的赔偿；

- 拆除生产设施；

- 技术援助活动；

- 与生产低 GWP 值或零 GWP 值替代品有关的研发成本；

- 专利和设计费用或专利使用费的增量成本；

- 在技术可行且具有成本效益的情况下，将设施转换为生产低 GWP 值或零 GWP 值替代品的成本；

- 减少 HFC-23 的排放，办法包括降低排放率，或者收集转化为其他环境无害的化学品。多边基金应为此供资，以便 A5 国家履行商定的 HFCs 义务。

维修保养部门列入成本计算的费用类别包括：

- 提高公众认识的活动；

- 政策制定和实施；

- 认证方案和对技术人员进行关于替代品安全处理、良好做法和安全问题的培训，包括培训设备；

- 培训海关人员；

- 打击 HFCs 非法贸易；

- 维修工具；

- 制冷和空调部门的制冷剂测试设备；

- HFCs 的再循环和回收。

我国业内普遍关注的专利问题在此得到了解决。专利费用将列入成本计算，但具体计算方法还有待执行委员会制定具体的供资准则。此外，生产 HCFC-22 带来的副产品 HFC-23 的减排也将纳入供资范围。修正案（第 2J 条第 6～7 段）商定，缔约方 HCFCs 或 HFCs 的生产部门必须确保从 2020 年 1 月 1 日开始，副产的 HFC-23 都采用缔约方认可的技术，销毁至技术可以实现的水平。此外，缔约方还应该报告每套生产装置 HFC-23 的年度排放量，具体包括设备泄漏、过程排放和销毁设施，不包括捕获利用、销毁或存储的量［第 3 条（d）］。

（3）符合条件生产能力的截止日期

该内容在此前的会议谈判中并未确定，留待对修正案做出决定的缔约方会议确定截止日期。基加利修正案中明确，对于基线年为 2020—2022 年的缔约方，合格产能截止日期为 2020 年 1 月 1 日；对基线年为 2024—2026 年的缔约方，合格产能截止日期为 2024 年 1 月 1 日。

我国的基准线为 2020—2022 年，因此 2020 年 1 月 1 日前建成的生产线都有获得多边基金资金的资格。

（4）二次转换和三次转换

在逐步减少 HFCs 的背景下，首次转换是指各企业（从未得到多边基金直接或间接提供的全部或部分资助）转换到 GWP 值较低或为零的替代品，包括凭借自己的资源转换到 HFCs 的企业。

已经转换到 HFCs 的各企业如果淘汰 HFCs 和（或）HCFCs，则有资格获得多边基金的资助，以满足商定的增量成本，其方式与符合首次转换资助资格的企业相同。

从 HCFCs 转换到高 GWP 值 HFCs 的企业，在执行委员会已批准的《淘汰 HCFCs 管理计划》之下通过一项 HFCs 修正案之后，在随后转换到低 GWP 值或零 GWP 值的替代品时将有资格获得多边基金的资助，以满足商定的增量成本，其方式与符合首次转换资助资格的企业相同。

依靠自己的资源，在 2025 年前从 HCFCs 转向高 GWP 值 HFCs 的企业，有资格获得多边基金的资助，以满足商定的增量成本，其方式与符合首次转换资助资格的企业相同。

在没有其他替代技术的情况下，依靠多边基金的支持从 HFCs 转向低 GWP 值 HFCs 的企业，如果有必要为实现最终的 HFCs 削减目标，将有资格获得多边基金的支持。

修正案的上述内容，基本涵盖了所有从 HCFCs 转向低 GWP 值或零 GWP 值 HFCs 的可能路径，为 HFCs 的削减提供了可靠的资金保障。

（二）有关促进标准修订的决定

OEWG38 上，我国提交了一份会议室文件，提议建立协调机制促进制冷剂国际安全标准修订。经多轮磋商，MOP28 通过了我国的这一提案，出台了第 4 号决定：建立安全标准定期磋商机制。该决定旨在采用技术中性的方式，支持对相关标准进行及时修订，帮助低 GWP 值替代品的安全使用和市场推广。

相关国家水俣公约批约进展及日本汞污染防治经验[*]
——日本水俣公约批准能力强化研修培训总结

凌 曦

2015 年 11 月 23 日—12 月 18 日，为促进发展中国家尽快批准公约并提高履约能力，日本国际协力机构（JICA）组织了水俣公约批准能力强化研修培训项目，培训对象为中国、巴西、肯尼亚、莫桑比克、尼加拉瓜等国从事汞相关管理或研究的人员，主要内容包括公约关键条款内容介绍，各国批约程序及进展交流，日本化学品管理及汞污染防治管理的经验等。现将培训要点总结如下。

一、相关国家批约进展

由联合国环境规划署组织召开的《关于汞的水俣公约》外交全权代表大会及其筹备会议于 2013 年 10 月 7—11 日在日本熊本举行。经历 5 次艰苦的谈判后，公约进入签署程序。目前已有 128 个国家签署公约，20 个国家批准公约。

日本受水俣病影响，多年来实施较为严格的汞污染防治管理措施，并取得了积极成效。自 2013 年 10 月签署公约以来，正在积极推动公约的批约工作。受法律程序影响，日本在公约对其生效前需完成相关法律法规的制修订工作。较之 2014 年，日本环境部在 2015 年基本完成相关法规、通知、指南及标准等制修订工作，预计 2016 年可批约。

巴西环境部的环境质量办公室负责化学品安全、持久性有机物、汞污染管理等相关事宜，并参与了汞公约的谈判和签署。巴西主要汞排放源为采金业、氯碱行业、添汞产品的生产（包括牙科汞齐、医疗器械等）、含汞设备的不合规处置以及采金废物。巴西于 2013 年 10 月签署公约，目前正在等待国会正式批准公约。巴西最大的履约挑战在于无汞技术的获得和推广，以及汞的全生命周期管理。

肯尼亚最大的汞使用行业和排放源是汞的非法贸易和小规模手工采金业。肯尼

---

[*] 《环境保护对外合作中心通讯》2016 年第 4 期。

亚目前已采取一系列行动控制并减少汞污染，包括意识提高活动、更新汞排放清单、淘汰牙科汞齐等，并已启动汞初始评估项目。肯尼亚于 2013 年 10 月签署汞公约，履约的最大挑战在于完善汞污染防治管理法律体系、缺少必要的数据和信息支持以及资金和技术支持。

莫桑比克最大的涉汞行业是小规模手工采金业，但由于矿工大多为非法，所以难以确定数量及汞使用量的相关数据。此外，人群对汞的暴露、缺乏安全保障措施和教育程度低下等问题也是莫桑比克关注的重点。履约的最大挑战在于完善汞污染防治管理法律体系、公众尤其是以采金为生的劳工的意识提高，缺少资金和技术支持。

由于总统十分重视环境保护，尼加拉瓜是本次参与培训的国家中唯一已经批准公约的国家，目前正在编制国家汞清单。面临的挑战有汞对环境和人体的影响和风险降低，汞污染水体和土壤的修复等。

二、公约主要内容及日本汞污染防治经验

1. 汞供应与贸易

汞供应包括原生汞矿开采、退役氯碱设施回收、库存汞、副产品汞以及其他含汞废物回收 5 个主要来源，其中前三个属于公约管控汞供应源。欧盟已发布禁令自 2011 年起禁止金属汞及其化合物的出口，美国自 2013 年起禁止金属汞的出口。中国近年来未审批金属汞出口，但是根据联合国商品贸易统计数据库（UN COMTRADE）统计，2012 年中国（包括中国香港）仍有 245 t 金属汞出口。

日本受水俣病影响，早在 1974 年关闭全部原生汞矿。通过引进其他安全替代品及减少汞使用量的技术之后，近年的汞用量降低至约 10 t/a。目前日本国内主要汞供应源为汞的回收，通过回收提供的汞多于国内需求量，多余的汞现在出口至国外。由于原生汞矿开采、汞的贸易、临时储存以及妥善管理汞废弃物都属于公约管辖范围，所以日本政府也决定研究完善汞的回收、储存及处置的机制，包括制定禁止开采原生汞矿（尽管日本已关闭原生汞矿，但是并没有禁止开采的相关法律法规）、进出口管制、汞的临时储存等相关法规。

2. 添汞产品及用汞工艺

据统计，2005 年全球添汞产品中，牙科用汞、电池和测量仪器是用汞量最大的三个行业。在用汞工艺相关领域，20 世纪多数国家淘汰了汞氯碱工艺后，电石法聚氯乙烯生产是用汞量最大的行业。

日本对健康风险很高的含汞化妆品和农药等产品，规定禁止使用汞，或限定添

汞产品中汞含量。另外，国家政府部门出台"关于推动采购环保产品的基本方针"，规定了含汞商品采购标准，以促进开发和普及无汞产品以及削减产品中的用汞量。

（1）电池

1983年，日本当时的厚生省及通商产业省向日本电池和器具工业会发出通知，要求削减干电池使用汞的总量、加强已经实施的含汞旧电池自愿收集。为此，该工业会在开发控制含汞电池新用途和加强回收含汞旧电池的同时，开始研究开发不使用汞的干电池替代产品，并分别于1991年、1992年实现锰干电池、碱干电池无汞化。目前，日本国内使用汞生产的电池仅限于纽扣电池。

（2）电光源

日本自2001年起实施绿色采购法，40 W直管荧光灯为绿色采购对象，汞含量应低于10 mg/支，2007年约7.5 mg/支，2013年为6 mg/支。除削减荧光灯的汞含量之外，还通过延长灯的寿命以减少灯的生产量，削减荧光灯行业汞的总使用量。

（3）医疗领域

医疗领域用汞涉及体温计、血压计、牙齿治疗充填剂等。日本仍有部分医疗机构使用汞体温计及汞血压计，但整体上普及了电子式产品。日本牙齿治疗充填剂也从2006年约100 kg减少到2010年约20 kg。

（4）氯碱行业

1965年前后，汞法烧碱行业用汞占日本用汞量的一半以上。自1973年后，受环境污染因素的影响，日本政府决定促进汞法烧碱生产设施彻底采用封闭系统及转换为隔膜法，汞用量大幅减少。因隔膜法成本高，当时的通商产业省设立了隔膜法产品及汞法产品的等量交换及价格差距解决制度，促进向非汞法的转换。但隔膜法与汞法相比，能源消费高，产品质量较差，于是产业界集中全力开发出当时的新技术离子交换膜法，并于1999年全部转为离子交换膜法。目前，日本已无用汞工艺。

3. 汞排放及释放

为了减少汞向大气排放和向水体、土壤释放，日本根据相关法律制度制定了全国统一的水质标准，限制工厂和单位排放污水及向地下渗透，必要时地方政府可以制定更为严格的标准。针对大气汞排放控制，根据环境标准制定降低健康风险的指导值，并激励企业自主控制排放。另外，涉及汞及其化合物的相关单位，根据污染释放和转移登记制度（PRTR），有义务申报向环境排放的汞量以及废弃物中的汞转移量。

4. 含汞废物管理

日本具有非常完善的废物无害化管理系统，并建立了废干电池及废荧光管的收集和处理系统，循环再利用废旧产品和回收汞，回收的汞即可满足国内用汞行业的汞需求，并出口过量的汞。

图 1 所示为 2010 年日本含汞废物中的汞物质流。对于所有涉汞环节产生的含汞废物，回收汞是首选，对于不能回收的部分，再采取固化填埋措施。因此，日本可回收汞的含汞废物包括 3 大类 13 个小类，2010 年汞回收量约 53 t。

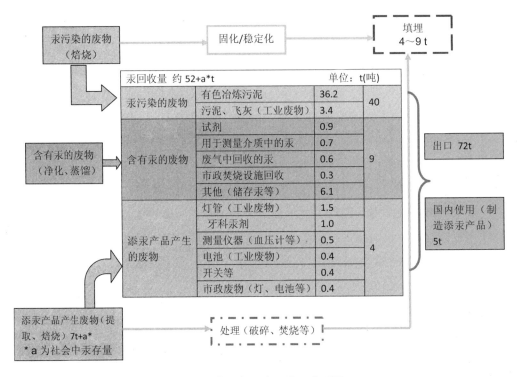

图 1　2010 年日本回收汞物质流

为进一步满足公约要求，日本 2014 年起草了含汞废物环境无害化管理政策，完善含汞废物无害化管理。首先将含汞废物定义为"需要特别管理的工业废物"，对其收集、运输、储存、处理处置方法及单质汞的最终处置提出了要求。

5. 日本化学品管理框架

日本针对化学品管理采取风险管理的策略，对健康风险和环境风险均制定了一系列的法规来规范管理。化学品的健康风险分为直接风险和间接风险，针对直接风险的管理，已制定发布了《劳动安全与健康法》《暴露控制法》《高压气体安全法》《有毒有害物质控制法》《食品卫生法》《含有害物质家用产品控制法》；针对通过环境所致间接风险的管理，已制定发布了《废物处理法》《大气污染控制法》《水污染控制法》及《化学物质控制法》等。针对化学物质对环境风险的管理，主要的法规除了通过环境所致健康风险的相关法规外，还包括《农业化学物质管理法》。

　　针对汞污染防治管理，除了在整个化学品管理框架外，日本的政府、产业界、市民一边承担着各自的责任，一边又联合起来共同致力于涉汞对策的制定。日本涉汞对策中利益相关方的不同责任如图2所示。

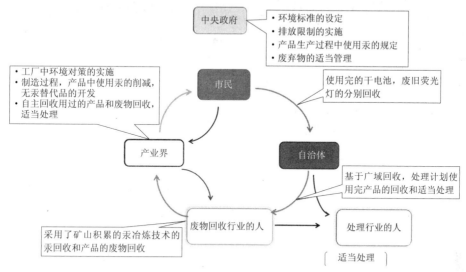

图2　日本各界汞管理的不同责任

三、培训体会及建议

　　此次培训是对公约关键内容的系统梳理，也是对日本化学品、汞污染防治管理的一次全面学习，同时也了解其他发展中国家的批约进展及背后的考量。在培训的过程中受益匪浅，主要体会和建议如下：

1. 各国积极推进公约批约

　　本次参加培训的5个国家中，1个已批准公约（尼加拉瓜），4个已签署公约（中国、巴西、厄瓜多尔、肯尼亚），正在履行国内批约程序并积极推动公约批准的进程。其中，非洲国家主要关注小规模手工采金业领域，巴西则同中国一样，作为大国，面临着更多的压力。尽管重点关注的领域不同，但是各国在批约乃至后续履约都希望能够得到国际资金、技术支持，以解决本国主要汞污染问题。同时，汞污染防治及履约意识的提高也是各国都普遍认为迫切需要开展的工作。JICA也表示各国可通过JICA的渠道申请发展中国家宣传及意识提高类项目。

2. 不断完善汞污染防治管理体系

　　自公约签署以来，日本已经完善了汞污染防治管理体系。尤其与2014年相比，按照公约要求补充了很多法律法规及标准，从全生命周期填补了涉汞相关领域可能存在的管理漏洞。例如，即使日本早已不存在原生汞矿的开采，但是日本政府修订了采矿法并增加了禁止原生汞矿开采的条款，从根本上保证禁止未来汞矿开采活动。特别是日本 2015 年 6 月颁布了《汞环境污染防治法》，首次针对汞单独立法，内容囊括了制订计划防止汞的环境污染；禁止原生汞矿的开采；对于特定的含汞产品，除得到许可，禁止生产，同时也限制产品的使用；禁止用汞工艺的使用；禁止使用汞炼金；制定汞贮存管理规定，要求对贮存的汞进行定期报告；制定含汞再生资源（公约中规定的含汞废物、不符合废物处理法且有回收价值的废物以及有色金属冶炼产生的含汞污泥）管理规定，并要求管理者进行定期报告以及惩罚性措施。该法令将自公约生效日起施行。可以说，公约为各国都提供了一个完善汞污染防治管理体系的机会，也打开了针对一类化学物质进行全生命周期管理的新思路，为未来其他重金属或化学品的管理提供了参照。

3. 掌握详细的涉汞环境管理数据

日本分别于 2005 年和 2010 年更新了汞清单，同时通过 PRTR 系统建设了内容丰富、信息量庞大的涉汞信息数据库，建立了详尽的汞物质流清单。这些信息数据库为日本开展汞污染防治管理夯实了数据基础，为制定相关法规、标准提供了决策依据。我国应以此为借鉴，在涉汞行业调查的基础上，绘制我国的汞物质流，充分掌握汞的全生命周期的流向，为制定并推行相关涉汞政策提供依据，为削减并最终消除人为汞排放提供充分的数据支撑。

4. 以水俣病为戒，加强化学品风险管理

环境健康问题往往带有滞后性，危害的症状往往是在多年以后表现出来，给取证、赔偿造成很大的困难。日本在水俣病方面的经验和教训告诉我们，及早介入是保护人体健康，保证环境安全，避免相关管理部门工作被动的重要条件。

我国虽然从未大规模暴发过类似日本的公害病，但是近年来随着我国经济的快速发展，环境污染问题日益突出。一些地区的环境污染对人体健康和生态环境造成了损害，并给地方经济带来了负面影响，"癌症村"的报道不时见于报端，值得高度关注。

5. 加强意识提高和公众参与

日本水俣市的垃圾回收及处理系统十分完善，通过水俣市政府不断引导，市民不断配合，共同努力完成了从污染城市到日本环境首都的转变。北九州电器回收生态城则充分应用了责任共享和公众参与机制，电器生产企业有责任进行电器回收工厂的建设，建设完成后由专门的回收公司进行经营，而居民有责任将需要回收的电器送至指定的回收点或者直接送至回收企业，并缴纳一定的特别回收费用。通过加强宣传教育和意识提高，可以提高民众参与环保的主动性，加速含汞产品的替代，推进汞公约的履约。

日本生活垃圾分类和焚烧处置管理对我国的借鉴[*]

田亚静　胡　健　苏　畅

一、日本生活垃圾管理现状

1. 日本生活垃圾的管理体系

（1）中央政府管理以环境省为主。日本国家行政机构（中央政府）由内阁府和总务省、法务省、警察厅、外务省、财务省、文部科学省、厚生劳动省、农林水产省、经济产业省、国土交通省、环境省、防卫省 12 个省厅组成。生活垃圾政策之前由厚生劳动省（Ministry of Health and Welfare）负责，2001 年之后才授权环境省管理。另外，人工环境由国土交通省负责，资源利用和排放也与农林水产省、经济产业省有关。同时，"内阁官房"即首相办公室，其制定的政策也会影响到城市环境管理。

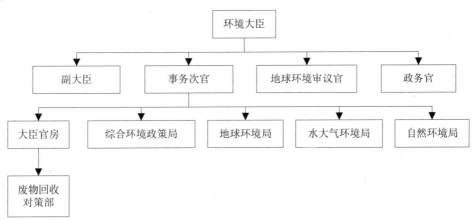

图 1　日本环境省组织构架图

---

* 《环境保护对外合作中心通讯》2016 年第 13 期。

（2）地方政府实行自治。日本的地方行政机构分为两个层次，即"都道府县"和"市町村"。"都道府县"包括东京都、大阪府、京都府、北海道和 43 个县。在都道府县内又划分为市、町、村等行政区，东京都还有特别区。市和东京都的区为城市地区，町和村为乡村地区。都道府县与市町村都是地方自治体，有制定地方法规的权力。尤其在环境方面，地方政府制定的环境标准往往比国家标准更严。

（3）各县市的垃圾分类回收标准各不相同，但运行良好。日本垃圾管理主要以县/市为单位，政策各不相同，尤其是垃圾分类和收集方式差异很大。因此，在日本，移居到另一个城市就必须要学习新的垃圾分类知识，如果出错可能面临经济处罚。

表 1　日本各地方垃圾分类方法不同的样例

序号	都道府县/市町村	生活垃圾分类
1	横滨市	10 类
2	德岛县上胜町	44 种
3	埼玉县	4 类 70 种
4	爱知县丰桥市	7 类 18 种
5	川崎市	8 类
6	大分县大分市	7 类

表 2　日本各地方垃圾收集频次各不相同的样例

垃圾分类	川崎市	大分市	北九州市
可燃物		每周一次	
塑料瓶	每周一次	隔周一次	每周三
不可燃物		隔周一次	
塑料包装物	每周一次	每周一次	每周一次
废纸废布	每周一次	隔周一次	集体回收
废干电池	每周一次		
金属小件	每月两次		
粗大垃圾	每月两次		事先申请
厨房垃圾	每周两次	每周一次	每周两次

2. 日本生活垃圾的政策标准体系

日本建立了比较完善的生活垃圾处理法律体系，其中最核心的两部法律为：《废弃物处理法》和《资源有效利用促进法》。

（1）《废弃物处理法》是废弃物回收处理的主要法律依据。1900 年颁布的《污物扫除法》是日本最早有关废物的法律，要求市町村承担垃圾处理的责任。第二次世界大战以后，1954 年制定的《清扫法》取代了《污物扫除法》，旨在恰当处理污物，保持生活环境的清洁。1970 年，日本国会颁布了《废弃物处理法》取代《清扫法》成为垃圾处理的主要法律。按照《废弃物处理法》的规定，不按要求处置生活垃圾最高可判处五年以下有期徒刑或 5 000 万日元（相当于 320 万元人民币）以下的罚款。

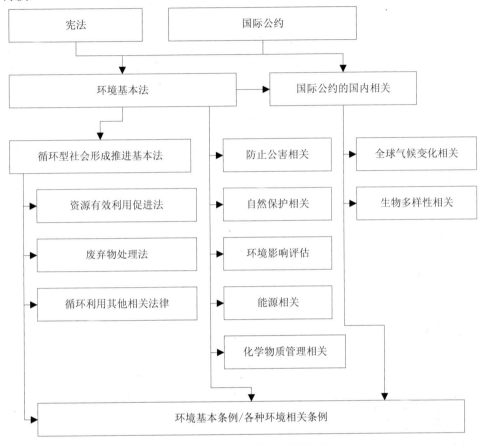

图 2　日本相关环境管理法律体系

（2）资源回收利用的相关法律。1991 年颁布的《再生资源利用促进法》使资源再利用的概念首次出现在法律中。2000 年制定的《循环型社会形成推进基本法》规定：国家负责制定实施基本性的、综合性的政策；地方公共团体负责采取具体措施，处理生活垃圾和对资源进行再利用；经营者负有处理由经营活动产生的垃圾和回收再利用其产品的双重责任；国民负有尽量长期使用产品、使用再生品和协助垃圾分类收集等责任。同年，《再生资源利用促进法》被修改为《资源有效利用促进法》，这部法律确立了减少废物的产生（Reduce）、再使用（Reuse）和再资源化（Recycle）的"3R"政策。

（3）二噁英相关的管理依据。日本的二噁英概念与我国不同，其中包括：PCDDs、PCDFs 和共平面多氯联苯（co-planar PCB），其相关的管理以《二噁英类对策特别措施法》为核心。其中，对生活垃圾焚烧二噁英的排放管理尤为重要。1996年，厚生省颁布了《垃圾处理二噁英类紧急削减对策》，要求二噁英排放超过80 ng TEQ/m^3 以上的焚烧设施立即关停改造，小于 80 ng TEQ/m^3 的维持到 2002 年上半年，2002 年后开始执行 0.1 ng TEQ/m^3 的排放标准。

表 3　部分二噁英类管理的相关政策标准

名称	年份	政府第
《垃圾处理二噁英类紧急削减对策》	1996	卫环 261 号
《垃圾处理二噁英类削减对策》	1997	卫环 21 号
《二噁英对策推进基本指针》	1999	阁僚会议
《二噁英类健康障碍防止对策》	1999	卫环 90 号
《二噁英类对策特别措施法》	1999	法律 105 号
《二噁英类对策特别措施法施行规则》	1999	总理府 67 号
《二噁英类大气、水质及土壤污染的环境基准》	1999	环境厅 68 号
《废物焚烧设施焚烧飞灰防止对策》	1999	卫环 29 号
《废物焚烧设施解体工程二噁英对策》	2000	生卫 1149 号

表 4　日本二噁英环境基准

介质	基准值	适用区域
大气	<0.6 pg-TEQ/m^3	工业区和非居民区以外的区域
水体	<1 pg-TEQ/L	公共水域及地下水
底泥	<150 pg-TEQ/g	公共水域
土壤	<1 000 pg-TEQ/ g	垃圾填埋场以外的区域

按照《垃圾处理二噁英类削减对策》的要求，优先选择连续焚烧设施，其次选择 RDF（衍生燃料）技术和准连续焚烧技术，同时，垃圾焚烧设施要配备飞灰融化固化设备，飞灰尽可能有效利用。市町村负责每年一次的二噁英检测和数据公开，都道府县负责提供技术支持。焚烧设施温度要求 800℃以上（最好是 850℃以上），烟囱出口处 CO 浓度低于 $50×10^{-6}$（体积分数）。

《垃圾处理二噁英类削减对策》中提到了二噁英排放限值设定的两种计算思路：第一，按照 TDI（可接受日摄入量）计算，约为 80 ngTEQ/m^3；第二，按照设备的最佳状况计算，目前旧设备改造可达到 0.5 ngTEQ/m^3，新设备可到达 0.1 ngTEQ/m^3。考虑二噁英摄入量的问题，将采纳第二种限值计算方法。

表 5 《垃圾处理二噁英类削减对策》中二噁英摄入量计算

序号	来源	二噁英摄入量	占比/%
1	大气来源	0.18 pg-TEQ/kg·d（工业地带附近居住地域，在大城市的平均）	3
2	食物来源	5.9 pg-TEQ/kg·d（平均+标准偏差）	97
3	合计	6.08 pg-TEQ/kg·d	

表 6 《对策》中二噁英大气排放标准

炉型	区分		基准值/（ng TEQ/m³）
连续焚烧炉		新建炉	0.1
	既有炉	旧方针适用炉	0.5
		旧方针非适用炉	1.0
连续炉 机械化批次炉 固定批次反应炉	既有炉	连续运转	1.0
		间歇运行	5.0

《二噁英类对策特别措施法》（2006 年修订版）中对二噁英的监督检测、超标排放和违规行为的处罚进行了详细描述。

第一，二噁英类监测由焚烧设施业主负责。焚烧设施的废气和废水排放监测是由事业场的管理者负责，都道府县负责厂区外大气、水质和土壤的监测。都道府县认为必要的时候，可持身份证明文件在必要限度内进入场区进行实地调查测量。

第二，超标排放和违规申报将被罚款或入刑。二噁英排放设施建成后 30 日内未按期申报者，处 20 万日元以下罚款。未申报或虚假申报者，处 3 个月以下徒刑或 30 万日元以下罚款。排放的废气或废水中二噁英含量超标应立即停止排放，并处 6 个月以下徒刑或 50 万日元以下罚款。

第三，整改不力者重罚。排放的废气或废水中二噁英含量超标应在 60 日或限期内改善废气或废水的处理方法，违者处 1 年以下徒刑或 100 万日元以下罚款。

3. 日本生活垃圾管理现状

（1）日本回收的生活垃圾以焚烧为主。日本废物主要分成两大类：产业废物和一般废物，产业废物包括性状稳定的废物、易于腐烂降解的废物、禁止填埋的化学药剂类废物。2004—2014 年，一般废物和产业废物产生量呈下降趋势。日本的一般废物每人日产生量从 2004 年的 1 150 g 下降到 2014 年的 947 g 左右。2014 年，日本一般废物产生量为 4 432 万 t，总资源化量为 913 万 t，占 20.6%。日本一般废物处理方法首先以焚烧为主，其次为资源化中间处理，最后为直接资源化。

（2）焚烧设施总数下降，处理量上升。在一般废物处理方面，日本现有焚烧炉接近 1 162 台，粗大垃圾处理厂 600 余家，资源化工厂 1 000 余家，衍生燃料 50 余家，其他 50 余家。焚烧炉每日总处理能力是 18.35 万 t。余热利用设施 764 台，发电设施 338 台，总发电能力 1 907 MW。日本政府对垃圾处理设施建造有 1/3 的补贴，对发电焚烧厂也有 1/2 的经费补贴，并鼓励私营企业进入各地建造垃圾处理设施。日本在 20 年前就开始应对二噁英问题，垃圾焚烧厂总体数量从之前的 2 000 余家下降到现在不足 1 200 余家。日本的总二噁英的排放量已经得到了很大下降。

4. 二噁英调查及 TDI 计算

日本定期开展二噁英环境调查，计算制定 TDI 限值，并编制二噁英手册在网上公开。按照日本相关法律规定，二噁英环境调查是市町村的职责，每年调查一次，都道府县只提供技术指导。TDI 的计算统一参照 WHO 的 4 pgTEQ/kg 计算。环境省通过动物实验和大量食品二噁英含量检测进行测算，一旦发现某一类食品（通常是海鱼）可能是主要的二噁英摄入源，政府将会视情况停止或限制该类食品的供应。

表 7　日本 2013 年二噁英环境调查结果

介质	单位	平均值	最小值	最大值	基准值
大气	pgTEQ/m³	0.023	0.002 9	0.2	0.6
公共水域	pgTEQ/L	0.19	0.013	3.2	1
底泥	pgTEQ/g	6.7	0.056	640	150
地下水质	pgTEQ/L	0.26	0.011	110	1
土壤	pgTEQ/g	3.6	0	230	1 000

表 8　日本主要行业二噁英大气排放总量（g-TEQ/a）

发生源	2009 年	2010 年	2011 年	2012 年	2013 年
一般废物焚烧	36	33	32	31	30
工业废物焚烧	33	28	27	28	19
小型焚烧炉	33～34	32～33	24.5	22.6	23
电炉炼钢	20.1	30.1	21.6	21.2	23.3
铁矿石烧结	9.1	10.9	11.9	14.1	12
锌回收	2.2	2.3	2.5	0.93	3.2
铝第二次精炼	8.53	7.3	7.59	6.76	6.97
火力发电	1.18	1.26	1.26	1.26	1.62
汽车排放	1.0	1.0	1.0	1.0	0.92

表 9　日本二噁英摄入量计算

年份	合计	大气土壤摄入/%		食品摄入/%		
	pgTEQ/kg	大气	土壤	鱼类	肉蛋	其他
2012	0.7	1.14	0.46	89.52	7.70	1.04
2013	0.59	1.12	0.75	89.39	7.75	0.98

二、日本生活垃圾焚烧技术现状

日本生活垃圾焚烧设施以政府建设经营为主，政府部门派员现场工作督导。焚烧厂的特点是环境安全、低碳及资源循环以及自然共生。

焚烧炉以机械炉排炉为主，并用余热锅炉及涡轮发电机进行发电，尾气处理复杂高效，污染物排放大大低于排放标准，二噁英仅为 0.01 ngTEQ/m^3（欧盟标准为 0.1 ngTEQ/m^3），其燃烧温度显示一直在 900～950℃，尾气通过余热锅炉进行热交换并迅速冷却至 200℃以下，防止二噁英的生成。燃烧产生的飞灰及底灰固化后进行填埋。整体焚烧过程由中控室进行计算机控制，完全实现了自动化（图3）。

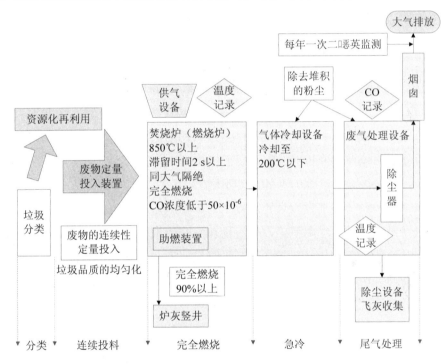

图3　垃圾焚烧工艺二噁英削减对策

三、中日生活垃圾处置与管理的异同

对比中日两国生活垃圾的处理，有很多共同点，但也有很大差异。

1. 共同点

共同点主要有以下几个方面：第一，环境排放管理以环境省为主，其他相关部门协同管理；第二，二噁英排放标准基本一致，都是 0.1 ng-TEQ/m³，检测都是一年一次；第三，主要的焚烧技术和二噁英削减技术是一样的；第四，焚烧厂的运营以公办为主，私营企业参与。

2. 不同点

（1）二噁英类的含义不同

日本的二噁英类概念包括共面多氯联苯（co-planar PCB），而我国不包括。从日本发布的二噁英数据来看，其 co-planar PCB 的摄入量占总二噁英摄入量的 2/3 以上，值得关注。

（2）焚烧成本差异近 10 倍

日本焚烧成本大约 12 000 日元/t，相当于 775 元人民币/t，而我国焚烧成本在 60～160 元人民币/t。除去人工成本的差异之外，仍有很大差距。如何精确核算生活垃圾焚烧的正常成本对行业健康发展至关重要。

（3）二噁英排放水平不同

两国的二噁英排放标准一致，但是日本二噁英的排放水平为 0.005 41～0.32 ngTEQ/m³，我国在 0.1 ng TEQ/m³ 左右。两国主要的焚烧和二噁英削减技术设备基本一样，造成排放差异的原因可能是进料的不同。日本的垃圾分类更加细致，资源化后焚烧的垃圾成分相对集中，便于操控。

（4）生活垃圾处置管理的惩处力度不同

日本生活垃圾分类细致而且要求复杂，如塑料瓶要求瓶盖和瓶体分离丢弃，易碎品要求用厚纸包裹并注明易碎，有污物和气味的纸张不得与普通纸张一起回收，金属小件的长度应小于 30 cm 等。违反垃圾分类和处置的处罚也很重，按照《废弃物处理法》的规定，最高可判处五年以下有期徒刑或 5 000 万日元（相当于 320 万元人民币）以下的罚款。我国目前相关的垃圾强制分类规定尚未颁布。另外，日本的焚烧设施以公营为主，违规违法同样面临经济处罚甚至刑事责任，并不因为其公有的身份而享有任何特殊待遇。

（5）对风险分析的重视度不同

从 20 世纪 90 年代开始，日本政府每年大量投资研究二噁英对人体的风险问题，开始计算 TDI（可接受每日摄入量），开展环境监测，分析摄入渠道，详细计算每一种可疑食物的二噁英含量，并每年公开发布这些数据，政府也据此排查可疑食物，如海鱼。我国也对二噁英的 TDI（可接受每日摄入量）进行了一些分析，但仅限于科学研究，其研究成果并未得到官方认可。

（6）对邻避运动的态度不同

日本公害事件较多，住民运动也以环保目的为主。政府对民众的反对非常重视，除了加强监测和风险评估，颁布一系列详细的二噁英削减对策之外，对邻避影响整体呈认可的态度。从政府角度就认可焚烧设施周围居民本应得到适当补偿，具体补偿措施视情况与居民商定，包括现金补偿、温水泳池等公共设施的免费试用权以及焚烧厂就业的优先权等。我国目前尚未就焚烧设施周围居民补偿问题形成统一认识。

（7）环保国民教育和宣传的本质不同

20 世纪 50—60 年代，日本公害频发，政府成立了"中小学公害对策委员会"将垃圾回收等环境保护知识纳入小学教育，成为生活的基本技能。我国也有相应的环境宣传教育，形式大于内容，而且并未纳入考核体系，以宣传为主，属于课外阅读的自选范畴，其教育教学的地位和普及性远远低于其他课程。

四、政策建议

我国每年垃圾清运量约 1.7 亿 t，仅这个数据已超过美国，成为世界固体废物最大的产生国，其中约 36%为焚烧处置，超过 60%仍是填埋处置。随着人民生活水平的提高，垃圾产生量大量增加，加大了垃圾处理的实际压力。而据日本环境卫生中心的统计数据，日本目前已没有垃圾直接填埋，人均垃圾产生量低于 950 g/d，垃圾焚烧二噁英排放水平为 $0.005\ 41\sim0.32\ ng\ TEQ/m^3$，其管理经验值得借鉴。

结合日本生活垃圾管理经验，特提出以下建议：

（1）继续鼓励地方因地制宜地开展垃圾分类和回收管理试点。出台鼓励政策，支持有条件的地方继续探索建立符合其实际情况的垃圾分类示范区和回收管理体系，研究建立规范的垃圾统一回收准入制度和垃圾收费制度，避免非正规回收系统将有价值的废物提前"截流"导致正规回收企业收益下降等问题。

（2）落实垃圾分类回收产生者责任制，并通过经济或法律手段体现出来。对产生垃圾的企业征收垃圾税，并通过低息贷款、免税等方式鼓励资源再利用，鼓励生态设计。对居民可通过购买垃圾袋的方式，鼓励减少垃圾产生。同时，辅以法律手段，对不按照要求丢弃和处置垃圾的行为进行严惩。

（3）启动焚烧设施邻避措施的试点。借鉴日本经验，加强与周围居民的沟通和解释，开展对周围居民实施经济补偿或实物补偿的试点工作，探索灵活友好的邻避政策。

（4）开展 RDF（衍生燃料）技术的探索。日本环境卫生中心的专家认为目前焚烧是最稳定可靠的技术，其他新技术的探索并不是很成功。但日本《垃圾处理二噁英类削减对策》中多次提到 RDF 技术，建议对相关可能的新技术做一些评估工作。

（5）将垃圾分类和资源回收纳入小学教育体系，作为必修课和必考科目。在教育系统树立起学习垃圾分类和资源回收等未来日常生活必备技能比学习奥数和钢琴更重要的行为风尚。

（6）启动我国二噁英 TDI 指数测算工作。二噁英对广大群众来说属于新事物，政府需要更加专业和尽职的风险评估和科学引导。借鉴日本经验，建议每年测算我国居民 TDI 指数，定期开展当地二噁英环境监测和摄入源分析，帮助居民鉴别真正的二噁英源，减少顾虑，控制风险。

（7）开展共平面多氯联苯（co-planar PCB）和多氯萘（PCN）的排放和毒性研究。日本的二噁英类概念包括 co-planar PCB，且其摄入量占总二噁英类摄入量的 2/3 以上。考虑到在二噁英监测的同时加测 co-planar PCB 和 PCN 的成本并不高，可以考虑加强相关研究工作。

我国氯苯类生产行业 POPs 污染风险点分析
及 POPs 履约环境管理建议[*]

任志远 任 永 孙阳昭

随着经济和社会的发展，我国成为世界上最大的氯苯类生产和消费国家，由此引发的环境问题越来越受到关注。"建在'毒土'上的学校"氯苯超标 9 万多倍，造成 493 名学生身体异常。靖江市原侯河石油化工厂也发生含氯苯类特征污染物的疑似危险废物非法填埋事件。《关于持久性有机污染物（POPs）的斯德哥尔摩公约》（以下简称"POPs 公约"）将五氯苯、六氯苯、多氯联苯、二噁英类等列为受控物质，尽管我国作为缔约方已全面禁止五氯苯和六氯苯的生产和使用，但其他氯苯类生产过程仍能无意产生上述 POPs，对生态环境和人体健康构成威胁。本文结合我国氯苯类生产行业现状和相关环境管理要求，重点识别 POPs 污染关键风险点，分析提出 POPs 公约有关技术文件和行业环境管理体系的完善建议，为促进我国实现履行 POPs 公约的国家目标、完善以氯苯类生产为代表的化工行业环境管理工作提供借鉴。

一、氯苯类生产行业基本情况和 POPs 污染风险点分析

1. 氯苯类生产是重要的基础化学工业，产品用途广泛

氯苯类是一类单环芳香化合物，根据氯取代数目的不同分为氯苯（简称一氯苯、二氯苯、三氯苯、四氯苯、五氯苯和六氯苯）。氯苯类是一种重要基础化学工业原料，可用于生产香料、染料、药物、除草剂和杀虫剂等工农业产品，同时还可以作为生产绝缘材料的绝缘剂。氯苯类化工行业的快速发展有效促进了我国医药、农药、染料、橡胶助剂、合成新材料等行业的发展。

---

* 《环境保护对外合作中心通讯》2016 年第 8 期。

2. 我国氯苯类生产产能居世界第一，分布相对集中

全球氯苯类产品的生产能力约为 106 万 t/a，氯苯类产品的供应和消费主要集中在中国、美国、西欧和日本，其中我国氯苯类产能、产量和消费量均为世界第一，生产能力和消费量约占全球总规模的 74% 和 65%。我国氯苯类产品主要以一氯苯、二氯苯和少量三氯苯为主，生产企业共 17 家，分布在 9 个省份。据不完全统计，我国氯苯类生产企业总产能约 84 万 t/a，其中一氯苯产能约 61.5 万 t/a，二氯苯生产能力约 22 万 t/a，三氯苯产能千余吨，其中产能最大的 4 家企业占全部产能的 60%。从区域分布来看，江苏省是氯苯类生产企业相对集中的区域，共有 8 家企业，产能 47.8 万 t，占全国总产能的 60%。

3. 我国氯苯类生产过程可产生高浓度二噁英类，处理不当可能造成环境风险

根据 2007 年《中国履行 POPs 公约国家实施计划》国家排放清单，氯苯类生产二噁英类的年排放量为 18.2 g 毒性当量（g TEQ），其所属化工生产被列为优先控制的非故意产生类 POPs 行业。据 2011—2013 年行业调查，我国氯苯类生产可无意产生二噁英类、五氯苯和六氯苯[①]等 POPs 物质，其中二噁英类年产生量可达 490 g TEQ。检出的二噁英类中多氯代二苯并呋喃类浓度贡献超过 90%，可能主要来源原料苯中呋喃类杂质的氯化。

在废水、残渣、副产品等介质中检出高浓度的二噁英类，具有潜在的环境风险，残渣中最高浓度 5 100 µg TEQ/kg，是危险废物判定标准值 "15 µg TEQ/kg" 的 340 倍；厂内废水中最高浓度 90 ng TEQ/L，是废水排放限值 "0.3 ng TEQ/L" 的 270 倍；副产品中最高浓度 30 µg TEQ/kg，如被废弃则属危险废物。此外，在残渣中还检出较高浓度五氯苯（4 400 mg/kg）和六氯苯（4 500 mg/kg），是危险废物判定标准值 "50 mg/kg" 的约 90 倍。

氯苯类生产中产生的二噁英类、五氯苯和六氯苯主要通过副产品、废水和残渣等途径转移输出，存在如下风险：①多氯苯类混合物副产品含高浓度的 POPs，属于危险化学品，产量较大，如直接用作杀虫剂、医药、染料和溶剂等生产用途，工艺管控不严将存在对人体健康和生态环境产生危害的风险，这些副产品一旦废弃，将变成危险废物，如不能妥善处置，将对周边环境和居民造成潜在危害。②除焦残渣和釜底残液属于危险废物，如采用焚烧处置，由于其中多氯苯类和二噁英类浓度高，容易引起二噁英类和多环芳烃（PAHs）等二次污染物的大量生成和超标排放。③厂区废水中二噁英类浓度较高，如果处理不当，可能直接造成对环境水体超标排放或

---

① 据分析，氯苯类生产中检出的二噁英类（以多氯二苯并呋喃类为主）可能主要是原料中所占不足 1% 的杂质（呋喃类等）经催化氯化产生的，五氯苯和六氯苯主要是工艺过程中为控制平衡反应的方向所加入的过量氯元素和低氯苯继续反应生成。

污泥中二噁英类高浓度富集。

二、我国氯苯类生产环境管理体系现状及挑战

1. 氯苯类生产环境管理体系较为健全，但在副产品管理方面亟须进一步加强

我国对氯苯类生产的产业结构调整、污染物排放、产品（危险化学品）、二噁英类污染防治技术政策及其产生的危险废物相关管理提出了相关要求，形成了一套成体系的管理制度（见附表）。

（1）生产和使用。POPs 公约要求禁止五氯苯和六氯苯等 POPs 的生产和使用，同时要求消除或减少二噁英类、五氯苯、六氯苯和多氯联苯等非故意产生类 POPs 的排放。作为 POPs 公约的缔约国，我国已陆续禁止了六氯苯和五氯苯的工业生产。然而，在一氯苯、二氯苯和三氯苯等生产的过程中仍会无意产生二噁英类、五氯苯、六氯苯等 POPs，在《中国履行 POPs 公约国家实施计划》中将包括氯苯类生产在内的化工行业列为我国优先控制的 POPs 排放源。除部分工艺外，一氯苯、二氯苯和三氯苯被《环境保护综合名录（2015 年版）》列为高污染、高环境风险的"双高"产品。此外，我国对催化氯化工艺的原料苯制定了国家标准（GB/T 3405—2011 石油苯，推荐性；GB/T 2283—2008 焦化苯）。

（2）产品销售和转移。氯苯类产品中二噁英类含量很低，但因其本身性质仍属于危险化学品，应符合《危险化学品安全管理条例》和《中华人民共和国国家标准：氯苯》（GB/T 2404—2014）相关要求。鹿特丹公约和巴塞尔公约还对氯苯类产品和含 POPs 的危险废物的跨境转移做了重要规定。

（3）废水排放和废物处置。氯苯类生产废水排放应符合《石油化学工业污染物排放标准》（GB 31571—2015）要求，其中对以下物质进行了限制规定：一氯苯 0.2 mg/L；二氯苯 0.4 mg/L；三氯苯 0.2 mg/L；四氯苯 0.2 mg/L；多氯联苯 0.000 2 mg/L；二噁英类 0.3 ng-TEQ/L。氯苯生产过程中的蒸馏及分馏塔底物（HW11）、苯直接氯化生产氯苯产生的重馏分（HW11）和氯苯生产过程中产品洗涤工序从反应器分离出的废液（HW41）属于危险废物，应严格按危险废物进行处置。最高人民法院和最高人民检察院《关于办理环境污染刑事案件适用法律若干问题的解释》中规定，"非法排放、倾倒、处置危险废物三吨以上的；非法排放持久性有机污染物（含五氯苯、六氯苯、多氯联苯、二噁英类等）超过排放标准 3 倍以上的"应当认定为"严重污染环境"，应追究当事人刑事责任。

（4）副产品的管理。在氯苯类的生产过程中会产生大量以多氯苯混合物为主要成分的副产品，出于成本考虑，这些副产品往往被销往下游企业，目前我国对副产

物管理方面没有明确的法律界定和专门的管理要求。从本质上讲，离开原生产企业、被销售的副产品是一种商品，应遵循产品质量有关要求，纳入产品管理体系。如果副产品被废弃，应按固体废物进行合法处置（对于氯苯类生产的有机副产物，按《危险废物鉴别标准》属于危险废物，应按危险废物进行处置）。

2. 氯苯类生产行业 POPs 环境管理面临的挑战

尽管我国已在氯苯类生产行业建立了较为完善的监管体系，但 POPs 环境管理还面临以下方面挑战。

（1）POPs 公约尚未充分重视氯苯类生产，国际上的 BAT/BEP 技术经验不足。POPs 公约附件 C 未将氯苯类生产列为 POPs 潜在高生成和高排放的来源（第二部分），仅将其作为特定化学品生产过程在一般排放来源（第三部分）中列示，低估了氯苯类生产过程中 POPs 实际生成量和潜在排放风险（列入第二部分的 POPs 风险更高，且限期整改）。在联合国环境规划署发布的"二噁英类识别与量化标准工具包"（为缔约国制定国家排放清单提供了重要的方法依据和数据参考）中，根据已有公开研究成果仅提出了催化氯化法氯苯类生产的中间体、残渣和产品的排放因子，未能将副产品、废水和精馏结晶法的残余物（残渣/残液）中 POPs 的生成和排放信息纳入。鉴于以上原因，针对 POPs 公约第五条和附件 C 的最佳可行技术/最佳环境实践（BAT/BEP）导则中也未涵盖氯苯类生产有关内容。

（2）副产品的管理亟待完善，残余物处置有二次污染风险。在多氯苯副产品进入下游企业时，其危险特性和环境危害往往被疏忽，管理不严容易造成下游产品的污染、职业伤害、副产品和残余物的非法遗弃等问题。此外，尽管氯苯类副产品中的 POPs 物质以微量或痕量的状态存在，但其环境危害却不容小觑，如果处理不当将存在潜在环境风险。即使按照产品（应属危险化学品）进行管理，《中华人民共和国国家标准：氯苯》（GB/T 2404—2014）中也没有对这些微量或痕量的 POPs 杂质提出要求。由于残余物中含有高浓度的氯苯类和二噁英类等含氯有机物，如采用焚烧的处置方式，如果工况条件控制不好容易因这些物质本身或作为前体物的存在引起二噁英类和 PAHs 等二次污染物的大量生成和超标排放。

（3）废水中的 POPs 采用一般工艺难以去除，易造成超标排放或在污泥等介质中累积。废水目前主要是通过汽提（脱吸）、吸附及生化处理等方式进行预处理，废水中的苯和氯苯类（包括其中部分二噁英类）等有机物料得到了回收，但通过常规的处理方式很难将二噁英类分离出来，这些残留的二噁英类物质可能通过废水进入污泥或环境当中。

三、关于我国氯苯类生产行业环境风险管控的建议

为进一步推进环境治理和质量改善，提高环境管理系统化、科学化、法治化、精细化和信息化水平，结合我国氯苯类生产行业现状，兼顾国际化学品管理的全生命周期管理和风险防控理念，建议如下所述。

1. 落实履约责任，推动修订相关国际文件

建议推动将氯苯类生产纳入 POPs 公约附件 C 第二部分高生成和高排放的来源，以促进中国在内的缔约方国家根据公约第五条采取行动预防 POPs 的产生和减少排放。呼吁公约缔约国对氯苯类生产过程中非故意产生类 POPs 的大量产生和潜在排放予以充分重视，修订"二噁英类工具包"中氯苯类生产的排放因子，推动建立和应用氯苯类生产的 BAT/BEP 体系。

2. 探索行业最佳可行技术

控制质量提高原料纯度，减少有害杂质成分，在焦化苯和石油苯的国家标准中对相关杂质含量进行限制。鼓励企业通过优化工艺路线对废水中的氯苯类有机物尽量回收利用，减少或避免废水的产生；鼓励企业采用有效的水处理技术减少废水中 POPs 物质，实现废水达标排放，同时注意妥善处置污泥等可能在废水处理过程中富集二噁英类的介质。鼓励采用高效分离技术，提高产品质量、减少副产品、残渣和残液的产生量。促进接收高 POPs 残渣和残液的危险废物焚烧处置单位采用合理的技术进行妥善处置，减少或避免二次生成二噁英类，实现二噁英类等 POPs 的达标排放。

3. 通过产业结构调整，鼓励副产品综合利用

建议在《产业结构调整目录》中，将单纯生产一氯苯生产装置列为"限制类"，将装置能力低于 5 万 t，同时未配套下游产品的一氯苯装置列为"淘汰类"，鼓励氯苯类产品的联产和厂内综合利用。对满足危险废物判定条件的副产品加强管理，不得交给无危险废物经营许可证的企业作为原料进行利用，禁止副产品非法外流。

4. 进一步完善行业监管和风险防控体系

制定氯苯类生产的原料（苯、氯气）、产品及副产品（氯苯）的相关质量标准，特别是控制 POPs 等微痕量有毒物质的含量。以氯苯类生产探索构建全生命周期和全过程风险的化学品（化工产品）管控体系，特别是加强对残渣、副产品、废水等高环境风险点的识别和监管。氯苯类生产的副产品应纳入我国产品质量管理和危险化学品管理体系，防止其被非法利用或直接进入使用途径，其废弃后需按危险废物进行管理。继续深化跨部门合作机制，联合检察、公安、海关等相关部门严厉打击

非法处置危险废物、POPs 超标排放、非法跨境转移等违法行为。加强监管部门能力培训和提高相关方的认识水平和风险防控意识。

5. 排查含 POPs 的危险废物，消除历史遗留风险

近来"建在'毒土'上的学校"和此前"靖江市原侯河石油化工厂事件（建在'毒土'上的猪舍）"的报道给我们敲响了警钟，其中微量甚至痕量的二噁英类、五氯苯、六氯苯、多氯联苯等 POPs 污染较为隐蔽但可能造成的危害同样不容小觑。这些因管理不善造成的历史堆存累积了大量的环境风险，建议专门组织力量进行系统性的排查和登记，对其中风险较大、迫切需要解决的历史遗留问题抓紧落实解决。

附表　氯苯类生产行业 POPs 排放相关的管理要求

序号	文件名称	内容说明
1	《关于持久性有机污染物的斯德哥尔摩公约》（2004 年 5 月生效，同年 11 月对我国生效，修正案 2014 年 3 月对我国生效）	有意生产和使用：禁止五氯苯和六氯苯的生产和使用和进出口，为六氯苯申请特定豁免用途的除外。无意生产：减少或消除氯苯类生产过程中产生的五氯苯、六氯苯、多氯联苯和二噁英类等 POPs 的排放
2	《关于在国际贸易中对某些危险化学品和农药采用事先知情同意程序的鹿特丹公约》（2004 年 2 月生效，2005 年 6 月对我国生效）	进行危险化学品和化学农药国际贸易各方必须进行信息交换
3	《控制危险废料越境转移及其处置巴塞尔公约》（1989 年 3 月通过，1995 年 9 月通过修正案，1990 年 3 月对我国生效）	把危险废料数量减到最低限度，用最有利于环境保护的方式尽可能就地储存和处理
4	关于《关于持久性有机污染物的斯德哥尔摩公约》新增列九种持久性有机污染物的《关于附件 A、附件 B 和附件 C 修正案》和新增列硫丹的《关于附件 A 修正案》生效的公告（环境保护部等 12 部委联合发文，2014 年第 21 号）	自 2014 年 3 月 26 日起，禁止生产、流通、使用和进出口五氯苯。各级相关管理部门应依法加强监督管理，一旦发现违反上述规定应依法查处。
5	关于禁止生产、流通、使用和进出口滴滴涕、氯丹、灭蚁灵及六氯苯的公告（环境保护部等 12 部委联合发文，2009 年第 23 号）	自 2009 年 5 月 17 日起，禁止在中华人民共和国境内生产、流通、使用和进出口六氯苯。各级相关管理部门应依法加强监督管理，一旦发现违反本公告的行为，将严肃查处
6	《危险化学品目录（2015 版）》（安全监管总局等 10 部委联合公告，2015 年第 5 号）	列入一氯苯，1,2-二氯苯，1,3-二氯苯，1,2,3-三氯苯，1,2,4-三氯苯，1,3,5-三氯苯，五氯苯和六氯苯
7	《危险化学品安全管理条例》（国务院令，2011 年第 344 号）	对危险化学品生产、储存、使用、经营和运输的安全管理做了全面规定
8	《石油化学工业污染物排放标准》（环境保护部和质检总局联合发布，GB 31571—2015）	废水（mg/L）：一氯苯 0.2；二氯苯 0.4；三氯苯 0.2；四氯苯 0.2；多氯联苯 0.0002；二噁英类 0.3 ng-TEQ/L。废气：氯苯类 50 mg/m³；多氯联苯、二噁英类 0.1 ng-TEQ/m³

序号	文件名称	内容说明
9	《重点行业二噁英类污染防治技术政策》（环境保护部公告，2015 年第 90 号）	氯苯类生产过程中，应优化主体合成反应、蒸馏等工艺条件，以降低含氯精细化工产品中残留的二噁英类
10	《环境保护部发布环境保护综合名录（2015 年版）》（环境保护部，环办函〔2015〕2139 号）	已将一氯苯，1,3-二氯苯，1,4-二氯苯，1,2,3-三氯苯，1,2,4-三氯苯列入"双高"产品名录（部分工艺除外）
11	《产业结构调整指导目录（2011 年）》2013 年修订本（国家发展和改革委员会，2013 年第 21 号令）	淘汰类：以六氯苯为原料生产五氯酚（钠）装置（工艺）；六氯苯（产品）
12	《中华人民共和国固体废物污染环境防治法》2015 年修正版（全国人民代表大会常务委员会，2015 年 4 月）及相关危险废物管理法规	"产生危险废物的单位，必须按照国家有关规定处置危险废物，不得擅自倾倒、堆放"等
13	《国家危险废物名录（修订稿）》（征求意见稿）（环境保护部，环办函〔2014〕1111 号）[2016 年 3 月 30 日环境保护部审议并原则通过《国家危险废物名录（修订草案）》]	氯苯生产过程中的蒸馏及分馏塔底物（HW11）；苯直接氯化生产氯苯产生的重馏分（HW11）；氯苯生产过程中产品洗涤工序从反应器分离出的废液（HW41）；含多氯苯并呋喃类的废物（HW43）；含二噁英类的废物（HW44）
14	《关于办理环境污染刑事案件适用法律若干问题的解释》（最高人民法院 最高人民检察院，2013 年 6 月，法释〔2013〕15 号）	"非法排放、倾倒、处置危险废物 3 t 以上的；非法排放持久性有机污染物超过排放标准 3 倍以上的"应当认定为"严重污染环境"
15	《危险废物鉴别标准 毒性物质含量鉴别》（原环境保护总局和质检总局联合发布，2007 年 4 月，GB 5085.6—2007）	二噁英类含量≥15 μg TEQ/kg 或其他任一种 POPs 含量≥50 mg/kg 的固体废物为危险废物。
16	《危险废物产生单位管理计划制定指南》（环境保护部公告 2016 年第 7 号）	应注重减少危险废物的产生量和危害性，并采取防范措施避免危险废物在储存、利用、处置等过程中的环境风险

Global Governance on Chemical Sound Management and Challenges in Asia-Pacific Region[*]

Ying WANG，Entao WU，Xinhua GAO，Qiong DING

Foreign Economic Cooperation Office，Ministry of Environmental Protection，

No.5 Houyingfang Hutong，Beijign 100035，China.

Abstract

Nowadays with industrialization，modernization，globalization and informalization，the whole world are paying more and more attention to chemical management. International efforts，such as ratified international conventions，Globally Harmonized System of Classification and Lablling of Chemicals（GHS）and the Strategic Approach to International Chemicals Management（SAICM）are carried out to protect our environment and ourselves from chemical harm. Chemical issues are urgent and complex，which normally are related to other social-economic issues and vary in different countries. The big challenge in Asia-Pacific Region chemical management lies in（1）uneven chemical industry development demand，（2）diversification in basic realities and emphasizes in chemical managements，（3）limited time and money with massive work and heavy responsibility and（4）lack of transparences and information for stakeholders. The joint effort is required，under the condition of agree to disagree，to change the current situation. Suggestions are made in the following areas：（1）strength indigenous innovation and adjustment of industrial structures，（2）establish core act and regulation system and improve the law enforcement mechanism，（3）implement international standards and increase the international information exchange and（4）establish monitoring and early warning system when implement primary responsibility for enterprises.

---

* 第十届固体废物管理与技术国际会议（ICWMT）论文集，2016。

Peer-review under responsibility of Tsinghua University/ Basel Convention Regional Centre for Asia and the Pacific.

Keywords：chemical management，Asia-Pacific Region

1　Internationalization of Chemical Management：Global Pattern

In 18th century，the industrial revolution cultivated modern chemical industries. From late 19th century to 20th century，along with the rapid expansion of oil industry，materials science and industry of fine chemicals，the chemicals were widely applied in commodities，and more than 70,000 different products，including food，clothing，shelter and transportation，were produced from raw materials（oil，natural gas，air，water，metals，and minerals），which hugely improved people's daily life. But chemical was a double-edged sword. As malignant environmental pollution issues and ecological damage accidents frequently occurred worldwide，which leaded to thousands of deaths or injuries，chemical management was causing more and more concern in various circles of society. [1]

1.1　International approaches to chemicals management [2]

After the United Nations founded in 1945，the internationalization of chemical safety management was brought into agenda. IAEA，ECOSCO，FAO，WHO，WB，ICAO，WMO and IMO etc. organizations were taking action on the issues confronting climate change，sustainable development，health emergencies and more，which were related to the chemical substances. The deeper understanding of the harm and risk of chemicals，the more requirement of prevention and control measures，which also effect the international trading and national economic development. During 1970s，the concern of chemical management was not only about the threat to human life but also about the pollution to environment，such as air，water，soil and sediment，which demanded international collaborative management. In 1970s，OECD set up the "chemical group" under environment committee，which is one of the initial international contact groups on chemical management.

During that time，although the UN organizations supported the chemical management in production，use and waste management etc. aspects，these supports were mostly focused on regulation establish，management capacity or academic exchange etc. and were temporary. To change the status，continuous plan and assessment program needed to be carried out. In 1972，"Monographs on the Evaluation of Carcinogenic Risks to Humans" by IARC started and next year WHO started "Environmental Health Criteria", which later became part of "International Program on Chemical Safety" by UNEP, ILO and WHO. The Stockholm and Rio Declarations were outputs of the first and second global environmental conferences, held respectively in 1972 and 1992. Action Plan and Agenda 21 were intimately linked to these two conferences, which were major milestones in the "modern era" of international environmental management. Until now, they were still the basement of modern chemical management.

Nowadays, the international coordination and cooperation on chemical management is an irresistible trend, with continuous ratified conventions on chemicals, such as OSPAR Convention, Basel Convention and Stockholm Convention. The implementation of Globally Harmonized System of Classification and Labeling of Chemicals (GHS) and the promotion of Strategic Approach to International Chemicals Management (SAICM) by UNEP also aim to improve the international chemical managment.[3] In Asia-Pacific region, Chemical Dialogue serves as a forum under APEC to strengthen the regional cooperation, information and technology exchange on chemical management.[4]

1.2 Differentiations in National Chemical Management

In the aspect of economic development, industrialization and technological infrastructure, around 24 Developed Countries is at a sovereign state relative to over 100 Developing Countries and Countries in Economic Transition (CIET). Similar in the chemical management, after dealing with the safety and wastes issues caused by the deficiency in chemical safe management, Developed Countries refocused on evaluation of the exposure risk and environmental effect of chemicals, which is essential to sound chemical risk management. Breakthrough events were happened in 1970s, when US promulgated Toxic Substances Control Act (TSCA) and Toxics Release Inventory (TRI) while European Community announced 67/548/EC, which emphasized on the assessment process before chemicals were produced and used. These two acts and regulations indicated the second stage of chemical management, which expanded from the dangerous/hazardous chemical to the general chemicals. At the same time, Japan promulgated Chemical Substance Control Law (CSCL). In the 21st century, the developed countries, including EU were keeping enhancing their legislation, capacity building and public awareness. Through elimination of backward chemical technologies, promotion of alternative for hazardous chemicals and improvement access threshold for national chemical industries and products market, after years of efforts, their chemical management achieved remarkable results and their living environment was improved significantly.[5]

On the other side, all developing countries were eagerly pursuing national industrialization, civilization and modernization. Also, they were trying to avoid the detour or mistakes the developed countries encountered during their industrialization. All the developing countries were already realized the importance of environmental protection and chemical management. Some of them started to consider the full-life-time-cycle management of chemicals, chemical risk assessment, evaluation and registration. For example, Indonesia promoted the implementation of product stewardship responsible care; Philippines updated the registration and notification of the hazardous and toxic chemicals; while Peru started the screening assessment of chemicals. Others of them, like Vietnam, were at the very early stage of chemical management, investigating its current chemical index and established the database for chemical management. In general, the chemical management disadvantages in developing countries were mainly in the lack of integrated chemical policy and lack of research capacity on alternative substitutes and technologies. The chemical industry was partially or totally relied on the import of advanced technologies and export of basic chemical products, which indicated another phenomenon of international pollution transfer. Above all, there was always a competitive equilibrium required between environmental protection and industrialization, especially in the Countries with Economies in Transition (CEITs).[6]

2　Challenges in Asia-Pacific regional Chemical Management

2.1　Uneven in Chemical Industry Development and Market

After the Cold War, the importance of Asia-Pacific Region in the world economy is increasing. As chemical industry is a "key economic building block", with large population, rich resources and rapid economic growth, the potential chemical consumer market is huge. Moving into 21st century, export/market oriented strategy is used by most of developing countries under the large-scale globalization, which generally provide the basic labor force and basic chemical products. This strategy leaves issues in their chemical industries such as irrational industry structures, small scaled and scattered manufacture, backward production technology and poor monitoring. Also, the extensive

145

development of chemical industries relied on the national nature resources, export basic chemical products with little technology content and low added value, but left serious environmental pollution in the production countries. Meanwhile, lack of research and manufacture led to the import requirement of high-end or fine chemicals. And this happened commonly in the developing countries when they were trying to develop their chemical industry. Currently, due to the low modernization rate, pesticides are still one of the biggest chemical problems in most developing countries.[7]

Meantime, industrial structure adjustments and upgrades in different economics also affected the international industry division structure. These mostly happened through business activities of Multi-National Corporation (MNC), which usually pursued the maximum monopoly profit and tried to maintain its monopoly on key technologies and management. Constant change in industry division was made under the influence of many factors, such as cost (of labor, environment, resources), invest policy and technology level, which made the situations of chemical industries and markets more complex in Asia-Pacific region.[8] Based on the prediction by American Chemistry Council (ACC), the growth rate in chemical products in Asia-Pacific region is 5.2% in 2015, which decreases 0.1% comparing with 5.3% in 2014. The national chemical industry growth rates are not the same. For example, growth rate of China will be reduced from 9.4% in 2014 to 8.2% in 2015. In 2015, India is 3.9%, which is increased from 2.5% in 2014. Japan's growth rate seems quite constant, around 1.5% in 2014 and 2015.

2.2 Diversification in basic realities and emphasizes in chemical managements

Asia-Pacific Economic Cooperation (APEC) currently has 21 members in different socioeconomic formations, including most countries with a coastline on the Pacific Ocean. The chemical management in this region is leading by USA, Canada and Japan etc. developed countries. They have already established relatively perfect management systems on chemicals with specialized regulations covered assessment, registration, transportation and waste of chemicals. The major concern of them is to enhance the risk assessment and management on existing chemicals, expand the database of chemical environmental and health data and promote green chemical technologies and alternatives etc. They are the initiators of International Conventions and Cooperation Programs and strongly promoted their implementations.

Others were already realizing the importance of chemical management but their

146

concern dispersed due to the diversification in basic realities of their countries. The advanced echelon among them already has experiences from hazardous or dangerous chemical management, also waste management. Some of them were at the very early stage of green chemical technology upgrades. Their concerns were how to improve their system on assessment, registration and full-life-cycle management of both existing and new chemicals. Also, they were trying to develop research on the green technologies and chemicals. The major group started with chemical management of pesticides, aimed to build the national chemical management system of all chemicals. Most of them are the participators of International Conventions and Cooperation Programs and trying to improve the national chemical management capacity through their implementations.[9]

2.3 Limited Time and Money with Massive Work and Heavy Responsibility

Along with the fast development of the chemical industry, the trade and production of chemicals are increasing annually; and the demand of chemical management is continuously increasing. Till 2000, there were 2×10^7 chemicals, among which, about 8×10^4 chemicals were commonly used in our daily lives. Between 2010 and 2020, global chemical sales were expected to increase by 3% annually, while chemical production grew with an average of 40% in Africa and the Middle-East. Poor chemical management directly leads to billions of dollars lost each year worldwide.[10] On the other side, there were thousands of new chemicals entered into the market annually. From Late 1980s, chemical industry began to take actions of "Green Chemistry", which includes the full-life-cycle of chemicals, from chemical design, production, manufacture and waste management. "Responsible Care" is the chemical industry's unique global initiative that aims to improve the health, safety and environmental (HSE) performance of chemicals, with open and transparent communication with stakeholders. Both programs required best environmental practice, but they always compromised with benefits, feasibility of technologies and cost. For example, to identify a new chemical is green, one of the data required is Toxicology data, which usually cost US$ 6~12 million per chemical to carry out the animal experiments, despite the time spend. EPA used 1 000 chemicals' Toxicology data to establish a model called ToxCast to calculate and predict the chemical Toxicology data, which still required US$ 20 thousand per chemical.[11]

As mentioned previously, nowadays mankind is facing serious environment crisis and ecological destruction, which can be greatly improved through sound chemical management. Environmental carrying capacity, also known as environment's maximal load of pollutions is more and more discussed in the academic circle. Persistent Organic Pollutions (POPs), Hazardous Pesticides (HP), solid waste cross-border transfer and marine pollution etc. is a serious threat to the survival and development of human society and these problems are still deteriorating. Economies in Asia-Pacific Region signed series international conventions, such as Stockholm Convention on POPs, Rotterdam Convention on the Prior Informed Consent Procedure for Certain Hazardous Chemicals and Pesticides in International Trade, Basel Convention on the Control of Transboundary Movements of Hazardous Wastes and their Disposal etc. and promoted GHS, SAICM and Chemical Dialogue under APEC to help protect regional environment. Even with continuous ratified conventions, updated national regulations and voluntarily international programs on chemicals, lots of areas are still missing, when the implementation of current conversion needs improvement and the synergies between conventions and multinational programs needs coordinate.

2.4　Lack of Transparences and Information for Stakeholders

Increasing the public awareness of chemical risk and waste disposal information is commonly recommended to enhance the supervision and effectiveness of chemical management. Disclose information of relevance to stakeholders outside the supply chain to enable informed decision-making and actions about chemicals in products is more and more important to Government, NGOs, consumers, waste treatment or management institutions and local residents. GHS as an internationally agreed-upon system is designed to use consistent criteria for classification and labelling chemicals globally. Based on that, under SAICM, UNEP started the Chemicals in Products programme (CIP) to supply and exchange such information both in and out of the supply chain, with projects in Asia-Pacific Region. OECD Clearing House on New Chemical also tried to promote the new chemicals information sharing between its member countries.

Under WTO, the Agreement on Technical Barriers to Trade (TBTs) gives rules for the use of such barriers. However, trade experts widely view TBTs as having great potential for being misused by importing countries as nontransparent (disguised or unclear) obstacles to trade. As nontariff barriers to trade, it is widely applied between developed countries and developing countries, but giving consideration of the gap between different countries in current science and technology level, developing countries are more vulnerable than developed countries when facing TBTs. Driving by the demand of economic growth and industrialization，together with primary chemical/environmental management regulations and capacity，they have easily been put in the position of chemical waste dump，backward technology recycler and high-end product market.[8, 12]

3 Discussions & Suggestions in Asia-Pacific Region Chemical Management

In summary，the chemical management in Asia-Pacific Region is facing serious challenge with comprehensive influence by economic，politics，science and technology. To improve current situation and protect our earth and ourselves，we need to agree to disagree and put joint effort in the common ground.

3.1 Strengthen indigenous innovation，chemical industrial improvements and adjustment of industrial structures

The chemical risk and accident increases along with the growth of chemical industry. To prevent the chemical pollution from the source，the national plan shall be made about the chemical industry development and upgrade to avoid blind expansion and excess capacity. On the other side，indigenous innovation on technologies and high-end/fine chemical products shall be encouraged as an important driving force for industry development. With adjustment of industrial structures，the development of chemical industry is expected to be more sustainable and environmental friendly.

3.2 Establishment of the core act and regulation system on chemical management and improve the law enforcement mechanism

Learn from the chemical management experience of developed countries，the national act and regulation with enforcement system is essential. The management in USA based on TASCA，with series of regulations mainly enforced by EPA，OSHA，CPSC and FDA. Other ministries or institutions provide technical support and coordination in chemical management.[13] Most of developing countries are still working on the systematic management on chemicals. The legal system provides the rule on chemical management，and a good legal system is the precondition of the sound chemical management. State authorized certain ministries to take the main responsibilities of national chemical management with support from related ministries，and this system shall indicate clear rights with responsibilities in full-life-cycle chemical management and highly improve the efficiency and effectiveness of law enforcement.

3.3 Geared to international standards and increase the international information exchange

Globalization and informatization is the irresistible international trend along with the industrialization and modernization. Information transparence requires understandable information and database designed for the informational. International standards prove a possible solution，which require the implementation in all Asia-Pacific Region economies. Developed Countries have technologies and years of research on chemical risk assessment to generate database of such assessment and registration results. These information shares certain consistency，which suggests that the information exchange in Asia-Pacific Region，can save massive work and hugely increase the regional chemical management capacity. With ambition，information exchange can also be expanded to public selectively to increase their awareness of chemical risk and their involvement in chemical management.

3.4 Strengthen monitoring and early warning system establishment and primary responsibility implementation for enterprises

Learning for the experience of developing countries，monitoring and early warning system is critical to chemical sound management，which is an efficient long term mechanism and can be used to prevent or control the damage caused by inappropriate chemical handling，production，transportation，application or waste treatment.[14] Most of the leading MNCs in chemical industry joint the voluntary program to go "green"，and become the main force in technology development and the forefront in chemical management. It is critical for enterprises to sense and implementation their primary responsibility in chemical management.

4　Conclusion

Now countries all over the world were connected through industrialization，modernization，globalization and informalization，meanwhile，human daily lives were improved by the widely use of chemicals. From 20th century，the whole world，including Asia- Pacific Region was paying more and more attention to chemical management. International efforts，such as ratified international conventions，GHS and SAICM are carried out to protect our environment and our health. Chemical issues are urgent and complex，which normally are related to other social-economic issues and vary in different countries. The big challenge in Asia-Pacific Region chemical management lies in（1） uneven chemical industry development demand，（2）diversification in basic realities and emphasizes in chemical managements，（3）limited time and money with massive work and heavy responsibility and（4）lack of transparences and information for stakeholders. The joint effort is required，under the condition of agree to disagree，to change the current situation. Suggestions are made in the following areas：（1）strength indigenous innovation and adjustment of industrial structures，（2）establish core act and regulation system and improve the law enforcement mechanism，（3）implement international standards and increase the international information exchange and （4）establish monitoring and early warning system when implement primary responsibility for enterprises.

References

[1] Aftalion Fred. *A History of the International Chemical Industry*. Philadelphia：University of Pennsylvania Press；1991.

[2] Tune Lönngren. *International Approaches to Chemicals Control A Historical Overview*. Sweden：National Chemicals Inspectorate；1992.

[3] Jianguo Liu，Jianxin Hu，Xiaoyan Tang. Global Governance on Environmentally Sound Management of Chemicals and Improvement Requirements for China's System. *Research of Environmental Sciences*2006；19（6）：121-126.

[4] Asia-Pacific Economic Cooperation. *Agenda Item No. 5（b）Minutes of the Informal Meeting of CTI on the Terms of Reference of the Chemical Dialogue*. 2001/SOMII/CTI/051.http：//www.apec.org/Groups/Committee-on-Trade-and-Investment/Chemical-Dialogue.aspx.

[5] Wang Xie. Chemical environmental management implementation trend in developed countries. *China Petroleum and Chemical Industry*. 2004；6：37-39.

[6] MEP Pollution prevention and control division. *Compilation of domestic and foreign chemical environment management regulations*. China Environmental Science Press；2013.

[7] Zhu Zenghui. Study on recent development of global chemical industry to adapt the trends of globalization：idea change in development strategy. *Modern Chemical Industry* 2001；5：1-5.

[8] Wei Yanshen. Changes in Asian emerging industrial countries'（regions'）trade，investment，industrial

structure adjustment and industrial division of Asian-Pacific Region. *World Economics and Politics* 1990；2：20-24.

[9] Liu Jianguo，Hu Jianxin，Tang Xiaoyan. Framework thinking to principles and system of chemicals environmental management. *Environmental Protection* 2005；4：4-10.

[10] United Nations Environment Programme. *UNEP's Global Chemicals Outlook: Towards Sound Management of Chemicals*. UNEP；2013.

[11] Fang Lingsheng. Green chemistry is a long way to go. *World Science* 2011；2：12-14.

[12] Liu Jianjiang，Yang Xizhen. The research on the trade interests of the Sino US trade imbalance in the perspective of intra product specialization. *International Trade Problems* 2011；68-80.

[13] Jain，Ashok B. An overview of the environmental regulatory aspects in India and in developed countries. *Chemical Business*1999；13（9）：107.

[14] Wei Fusheng. Suggestion on prevention about environmental pollution and safety of toxic chemistry substances. *Engineering Science* 2001；3（9）：37.

第五篇 环境发展与合作

"十三五"及"十三五"后期环境治理需关注的问题：美国经验对中国的启示[*]

程天金　杜　譞　李宏涛

摘　要

"欲知大道，必先为史"。要实现"两个一百年"奋斗目标，生态环境是关键。本研究基于环境库兹涅茨曲线理论假说，从人均 GDP 分析得出我国从"十三五"到实现"两个一百年"目标的时段与美国 20 世纪 70—90 年代大体相当，研究分析了美国 70—90 年代环境治理主要内容和演进特征，进而得出对我国"十三五"及"十三五"后期环境治理的启示和需要关注的问题。

一、美国 20 世纪 70—90 年代环境治理的主要特点

1. 20 世纪 70 年代环境治理的主要特点

20 世纪 70 年代被认为是美国环境保护的"黄金十年"，是环境治理的高潮阶段，主要特征是：社会、政府、国会两党形成了空前一致的合力；大胆设计了一系列美国历史上影响深远的环保举措，如就环境问题向国会提出总统咨文，建立了国家环境质量委员会（CEQ）和环保局（EPA）等机构，构建了一系列较为完善的法律体系；形成了联邦政府发挥主导作用的"命令—控制"的环境治理模式；将环境作为缓和冷战、调整国际战略的重要抓手，同时促进全球环境治理机制如联合国环境规划署（UNEP）的建立和发展；社会环保运动蓬勃发展，对政府环境治理带来压力，积极推动包括原本对环保不热心的总统在内的政治家重视环保工作。

2. 20 世纪 80 年代环境治理的主要特点

20 世纪 80 年代被认为是美国环境保护"停滞"的十年，环境治理发生转向，主要特点是：在经济陷入滞胀的背景下，里根经济政策（供给学派的经济政策）影

---

* 《环境保护对外合作中心通讯》2016 年第 6 期。

响其环境政策，联邦政府以对环境政策进行"成本—效益"分析为主要手段，来放松对环境的管制；社会环保运动产生分化，反环保及激进环保运动产生并发展；主流环保组织迈入成熟阶段，成为推动环境保护不断前行、制约政府环境政策后退和反环保的重要力量，同时折射了不同利益团体的影响；减少环境治理行政力量，对环保预算人员等进行削减；许多环境政策因评估而收窄；将更多的环境职责移交给各州和地方政府。

3. 20 世纪 90 年代环境治理的主要特点

20 世纪 90 年代美国推行"第三条道路"，对环境治理进行折中调整，主要特征是：在共和党连续执政 12 年，并推行了一系列放松环境治理政策的背景下，克林顿以环境总统的名义上台，有别于传统民主党人以及共和党人的环境理念，推行既反对政府对市场的自由放任，又反对政府对市场过度干预的"第三条道路"；认为环境保护与经济发展并不矛盾，两者可以相互协调；主张采取灵活多样的方式推进环境保护，将可持续发展思想融入各项政府决策中；延续里根对环境政策的"成本—效益"分析，但内容做了调整，如不限于"经济性"量化，不需要效益超过成本等；认真对待环境正义的呼声，注重解决环境公正问题；将环境安全纳入国家整体安全战略体系中，积极推进国际环境合作。

二、美国 20 世纪 70—90 年代环境治理的总体特征

特征一：环境治理随着政治经济社会条件变化呈现明显的阶段性。总体来看，20 世纪 70—90 年代，美国环境治理经历了 70 年代的高潮、80 年代的转向、90 年代的调整等阶段。

特征二：环境治理政策虽保持改善环境质量这一大方向，但具体表现出一定的摇摆性。经历了 20 世纪 70 年代行政主导"命令—控制"，80 年代放松环境治理，90 年代的折中环保政策、认为环境保护可与经济协调发展等。美国环境政策虽表现为一定的摇摆，但由于其 70 年代奠定系统的环境法律体系，其改善环境质量这一方向除力度和节奏受影响外，并未受到根本影响。

特征三：环保社会化运动逐渐成为影响环境治理的重要因素。20 世纪 70 年代社会化运动蓬勃发展对政府环保形成较大压力；80 年代环保社会化运动分化，形成了反环保的力量，主流环保组织烙上利益集团的印记；90 年代环境正义运动深入发展，成为政府需认真解决的重要问题。

特征四：环境因素成为其超级大国的主要国际表征。20 世纪 70 年代将环境作为其缓和冷战、调整外交战略的重要抓手，同时促进全球环境治理机制的建立和发

展；80 年代虽其国际环境政策产生倒退，但仍重视国际环境问题；90 年代将环境安全问题纳入国家整体安全策略体系。

特征五：行政和法制是推进环境治理的主导手段。20 世纪 70 年代行政主导的"命令—控制模式"，以及 90 年代既反对政府对市场的自由放任，又反对政府对市场的过度干预的"第三条道路"体现了行政主导的特点，即使是被认为是环境治理倒退的 80 年代，也是动用行政手段来放松对环境的管制。作为老牌的推崇市场机制的资本主义国家的美国，市场作为环境治理的辅助手段，从 80 年代的探索到 90 年代实践，也经过了较长时间。

特征六：对环境保护与经济协调发展的认识经历了长期的过程，环境保护与经济协调发展难以超越发展阶段。

三、对我国的启示与建议

1. 近中期（"十三五"和"十四五"）

启示一：深刻认识环境作为公共产品这一基本特性，坚持行政主导推进环境质量改善这一基本方向，保持战略定力，长期坚持政府作为环境质量改善的主体地位。

启示二：充分利用现在从上到下对生态环境共识度高的有利时机，大胆改革设计我国未来环境治理体制机制，进一步建立完善环境治理的法律法规体系，夯实环境治理制度法律基础。

启示三：高度重视我国经济发展新常态和供给侧改革对环境治理带来的压力，汲取美国 20 世纪 80 年代因采取里根经济学（被认为是供应学派）而导致放松环境治理的教训，警惕和防范因经济新常态要求放松环境治理的倾向。

启示四：将促进国际环境治理作为我国建设性负责任大国的重要表征，并将环境因素作为我国调整国际战略的重要抓手，国内与国际环境治理从"偏重"转为"并重"。应认真研究，做好战略谋划和顶层设计，着力形成国内环境国际环境治理互相促进、环境因素在我国新的国际战略中地位凸显、以生态文明为理念的中国环境事业融入并深入影响世界的格局。

2. 中远期（"十四五"以后）

启示五：重视环保社会化运动，适时启动国内环境保护社会组织发展的相关立法，适时建立环境社会治理管理机构机制，引导环保社会组织的规范、有序、健康发展，注重培育主流环保社会组织，使其成为体制外环境治理长期、健康的力量。未雨绸缪，防范反环保组织的产生，使其处于受控状态。将环境的公正性作为重要的政策因素，体现在各项政策中。

启示六：重视环境政策的分析评估工作，分析美国 20 世纪 80 年代与 90 年代环境政策分析的异同，汲取有益经验，建立适合我国国情的环境政策评估理论和评估方法，引导环境政策第三方评估机构的发展。根据我国的实际情况，在"工具箱"中准备足够的环境政策分析工具，适时开展环境政策的评估工作。

启示七：稳妥推进市场机制在环境治理中的进程。应充分进行相关研究，做好顶层设计，找准突破口，把握好时间节点和节奏，积极做好准备工作，在排污许可证制度等基本条件成熟，夯实工作基础之后，逐步慎重实施。

启示八：促进环境保护与经济的协调发展在我国也是一个不断深化认识、不断创新实践的长期过程，应保持持久定力和耐心。

《英国：全球中心、本地动力
——描绘可持续金融系统转型》报告摘译[*]

温源远　程天金

摘　要　目前，全球金融系统所面临的关键挑战之一是如何支持实体经济向低碳、富有弹性和可持续发展转型。作为全球金融中心，英国的金融系统可持续发展转型为各国提供了重要借鉴。联合国环境规划署（UNEP）2016 年 1 月发布了《英国：全球中心、本地动力——描绘可持续金融系统转型》报告。报告内容主要包括英国金融体系基本情况特点、可持续金融创新主要方面和未来优先领域三部分。本文对该报告进行了摘译，以供参考。

2016 年 1 月 14 日，联合国环境规划署（UNEP）可持续金融项目发布了题为《英国：全球中心、本地动力——描绘可持续金融系统转型》（The united kingdom：global hub，local dynamics - mapping the transition to a sustainable financial system）的报告。可持续金融项目由 UNEP 发起，开始于 2014 年 1 月，旨在推进全球金融系统的资金流入可持续技术和产品，并制定融合绿色经济和金融系统的框架建议。本报告介绍英国向可持续金融转变的方法，主要内容分为以下几部分。

一、英国的金融系统——庞大、全球化、关联

1. 向可持续金融系统过渡

金融系统的目的是通过促进交易、作为资本中介和实施风险管理等方面为实体经济服务，这是一个动态的目标。目前，全球金融系统所面临的关键挑战之一就是如何支持实体经济向低碳、富有弹性和可持续发展转型。这对于英国来说，更是有着双重意义，因为其金融系统面向国内和国外两个区域。调节资金支持过渡到可持续发展需要金融系统中供给和需求两个方面的行动。在需求侧，对实体经济实施的

---

* 《环境保护对外合作中心通讯》2016 年第 7 期。

政策可包括：对外部性进行定价，删除有悖绿色转型的补贴，通过稳定和具有成本效益的投资框架鼓励长期资本流向绿色经济。在供给侧，可采取以下几个步骤：改善金融系统的风险管理，鼓励绿色金融服务创新，加强金融面对环境影响因素的弹性，确保金融规则和更广泛的国家优先领域间的一致性。本报告调查的重点是改善金融供给侧方面。

2. 英国金融系统的关键特性

作为世界领先的金融中心，英国伦敦的排名仅次于美国纽约。而在金融资产总额方面，英国是世界第三，仅次于美国和日本。然而，相比于其自身经济总量，英国金融系统却已大得不成比例，是其年 GDP 的 8 倍，这在七国集团（G7）里也是最大的（图 1）。

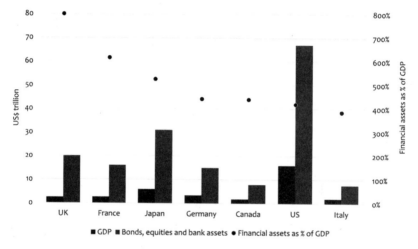

图 1　金融资产与 GDP 的对比

2014 年，金融和保险服务行业为英国经济贡献了 1 269 亿英镑的总增值（Gross Value-Added，GVA），约占了全国总增值的 8%，这个占比与其他经合组织（OECD）成员国相比大概水平是：略高于美国、欧盟地区，仅低于荷兰和卢森堡。

英国的金融系统主要集中在伦敦和周边地区（东南片区），在 2012 年约占其金融和保险部门 GVA 总额的 60%。另一个重要区域是苏格兰，几个世纪以来，爱丁堡都是英国北部的主要金融中心，在近几十年来，更是为大宗货物贸易发挥了重要作用。许多著名的英国金融机构总部都位于苏格兰，包括苏格兰皇家银行集团（爱丁堡）、阿伯丁资产管理公司（阿伯丁），以及最新恢复重建的 TSB 银行（爱丁堡）。利兹和曼彻斯特等城市作为区域中心，与布里斯托尔一起逐步发展成为社会和绿色金融中心。

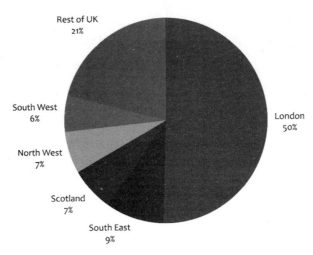

图 2　英国金融和保险业 GVA 情况的地区分布（2012）

　　英国的金融系统以银行为主，包含在英国注册的国内银行和其他各国银行分支机构，总共持有 5 万亿英镑的资产。四大英国银行（汇丰、巴克莱、苏格兰皇家银行、渣打）已被金融稳定委员会认定为全球具有系统重要性的银行（G-SIBs）。英国银行资产总额在 2013 年已是其 GDP 的 450%，预计在 2050 年将增长到超过 GDP 的 950%。据 2014 年第四季度统计，英国的国有注册银行和外资银行共吸收了来自 56 个国家 250 家公司分支机构和子公司的金融业务。除了高度国际化，英国银行业除贷款业务外的其他领域还延伸了很大范围，尤其在金融衍生品和外贸方面。

　　虽然在英国的银行大多遵循同质的所有权结构和商业模式，但其中比较重要的一个特征是，英国的金融资产和资本市场活动吸引了一些世界上最大的法律和专业服务公司，是其相互促进，共同繁荣。有很多研究表明，英国法律在国际商业合同，包括金融合同当中应用最为广泛，这得益于英国法律体系和司法程序的良好声誉。英国的律师事务所高度国际化，2010 年，在英格兰和威尔士，有超过 30%的私人执业律师代表海外客户开展工作，2014 年英国的律师事务所参与了 25%左右的全球并购市场的业务，很多事务所跻身全球前十位。

　　除了法律服务，英国是全球主要专业服务公司的中心，包括会计、审计。然而，四大审计公司（安永、德勤、毕马威、普华永道）的业务过度集中化也受到了持续的关注，2011 年英国上议院的一份审查资料明确了四大的寡头垄断：富时指数前 100 位的公司中 99 个，以及次之的 250 个公司中的 240 个都由四大接手审计业务。而且，在后者的 240 个公司中，"四大"平均调换审计人员的时间长达 48 年，以及"四大"审计公司中的审计师"令人不安的自满"也促进了金融危机。

3．金融危机的影响和应对

2007—2008 年的金融危机给英国带来了前所未有的损失，并引发了对英国金融系统最重要的全面检查和结构治理改革。新的监管体系被建立并被赋予了更大的权利——增强了政府、议会以及全社会的责任意识。实施一揽子新政策的要求是减少金融系统机构的潜在风险。银行一直是金融系统备受关注的领域，被金融政策委员会要求设置杠杆比率和反周期资本利用缓冲区；为了应对家庭债务风险也出台实施了多项宏观审慎措施。持续而广泛的市场弊端以及危机笼罩时曝出的令人瞩目的丑闻都使立法者和监管者加强了对违法公司及个人的处罚力度。自 2009 年以来，英国的银行业已为此付出了近 300 亿英镑的罚款和赔偿金，大致相当于同期他们提供的私人成本。此外，最近一段时间的成果体现在恢复其信任度和公众对其的信心，主要集中在对市场诚信，以及职业操守的建设。

4．迈向可持续金融体系的步伐

英国金融体系引领可持续发展主要有 4 个方面：

（1）英国开创性地提出了很多国内外影响深远的可持续金融体系议题。主要包括绿色债券、气候审计披露和风险、完整性报告、可靠的投资和压力测试。许多这样议题形成的组织总部都设在伦敦，包括但不局限于：环境信息披露标准委员会、碳跟踪计划、气候债券倡议组织、气候市场与投资协会秘书处，赤道原则的国际综合报告委员会等。其他相关项目如资产所有者披露项目也搬到了伦敦。在伦敦以外，剑桥和牛津大学针对可持续金融也开展了尖端研究。知识领域对可持续金融的研究对监管和政策领域产生了巨大的影响和革新。

（2）所面临的挑战不仅促进了英国的过渡，也对全球范围内尤其是发展中国家和新兴经济体的资本流动市场起到了促进作用。可持续发展需要更大规模的投资，每年需要 3.9 万亿～5.7 万亿美元，而英国比其他地方拥有更多的国际银行，并拥有世界第三大的保险业和第二大的资产管理业。伊斯兰金融的细分信贷市场等发展经验，也为英国绿色资本的市场战略提供了更多借鉴。

（3）英国金融系统的全球化也意味着还需要特别关注英国国内经济转型的需要。英国第一个通过引入专用的绿色投资银行（GIB）来填补投资链条中关键性的差距，并开创了"点对点"（Peer to Peer，P2P）的贷款模式资助本地的可再生能源开发。

（4）英国在设置广泛的金融政策和规则中扮演着有很大影响力的角色。尤其是在欧盟内部（如在当下资本市场联盟发展的时期）、金融稳定委员会以及 20 国集团当中。

5．英国的金融制度创新模式

英国是第一个将可持续发展因素引入金融系统的国家，在 2000 年的养老金法案制定过程中就创新性地引入了社会、道德和环境等因素。回顾过去 15 年，有四个影响较大的创新，先是伦理投资，后是在机构投资中促进环境因素主流化，接下来是后危机时代的改革浪潮，最后是当前的关注气候变化和碳风险。从英国这些可持续金融创新的演进过程中可以发现创新周期的主要工作模式为：①社会企业家和关注金融的非政府组织对金融系统的发展提出了更高期望；②市场实践领先者推广其好的经验；③政策制定者推广和普及好的经验。但是这个循环不是固定的，它以不同的方式移动，同时也可能受到阻碍。

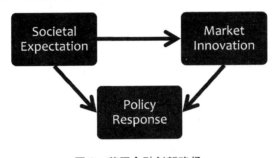

图 3　英国金融创新路径

二、可持续金融体系七个主要方面

纵观英国金融体系，可持续金融主要有七个方面：①社会创新：使金融与个人价值观及社会目标相匹配，包括通过从化石能源撤资的社会责任投资到新的绿色点对点方案；②机构管理：将可持续因素置于主要金融部门的核心位置，特别是投资管理（部门）；③住房金融：通过创新方式调动融资，改善英国住房的环境和能源表现；④资本市场动员：将可持续性因素纳入资产和债务市场的披露、分析和融资；⑤审慎治理：将可持续性嵌入对关键部门和系统整体的安全稳健性监管之中；⑥公共资产负债表：动员财政和其他资源促进低碳和绿色经济转型；⑦英国金融体系可持续治理：推广普及了好的市场实践，应对了系统性挑战，在新市场克服了融资瓶颈。

1. 社会创新

英国拥有富有活力的社会企业家文化和从事金融创新的民间社会组织。早在 2000 年，英国是第一个要求养老金是否应该考虑社会和环境问题的国家。英国投资和金融协会（UKSIF）支持养老金法案改革，强调养老基金社会责任投资的使命。

养老金法案中有关信息披露的要求并没有带来道德基金的预期增长。2005—2015 年英国零售道德基金在资产管理市场中的份额一直维持在 1% 左右。

社会创新不仅出现在零售社会责任投资市场。金融危机激发了金融企业家和民间社会组织对于如何将金融与社会目标相匹配的兴趣。主要实例包括：①金融创新实验室着眼于金融系统改变的动态性，辨析出 3 个切入点：平台（"游戏"平台）、体制（"游戏"规则）和制度创新（"游戏"参与者）；②新经济基金会通过运用全球金融弹性指数，辨析出测量金融系统表现的新途径：多样性、互联性、金融系统规模、资产结构、负债结构、复杂性和透明度，以及杠杆；③明日公司（Tomorrow's Company），伦敦的一个全球智库，2015 年 10 月发布公司报告，展望了符合人类需求的金融体系。

2. 机构管理

在 2000 年之后的 10 年，英国成为整合环境、社会和治理的中心。据估计，2003 年，欧洲 69% 的社会责任投资机构资产属于英国所有。2006 年联合国发布责任投资原则，很大程度上是由英国金融机构所推动。到 2015 年，英国的责任投资原则签约者数量稳步增长至 149 名成员，包括 43 个资产拥有者和 134 位投资管理者。其中，32 家公布了责任投资透明报告，详述了其责任投资政策和行动。

最近，对 8 个国家的信托责任和管理的分析回顾得出的结论认为，政策制定者应该"明确要求受托人必须在他们投资过程中分析和考虑环境、社会和治理（ESG）问题"。对此，英国建议：应该修改企业年金制度，明确信托责任需要关注的长期因素，包括 ESG，并且管理制度应该强调并明确指出环境和社会问题是长期投资价值的重要导向。

2015 年政府就如何将法律委员会结论反映在养老金制度中开展了一项咨询。英国就业和退休保障部在回复时总结说："养老金受托人现在已经很好地意识到了他们对于考虑 ESG 因素的责任。"

对于私人部门而言，主要投资人对于可持续金融已经有了系统认知。世代投资管理公司（Generation Investment Management）已经就可持续资本出版了系列白皮书，强调措施要更好地匹配金融市场，包括对于长期投资忠诚的奖赏等。此外，保险公司 Aviva 就全球层面"可持续资本市场路线图"出版白皮书，并在欧盟范围内发起了"可持续资本市场联盟"倡议。

3. 绿化住房金融

住房金融不仅对于金融稳定性至关重要，而且对于改善建筑环境的可持续性也非常重要。

在英国金融业，住房金融是最重要的贷款渠道之一。英国 75% 的银行信贷贷给了住户，并且大多是抵押贷款；剩余 25% 是商业贷款，但大多数也是资助商业地产。

英国的建筑能效是欧洲最低的国家之一。居民支出中很大比例为能源成本。2013

年英国住宅有关的排放——包括居民能源使用——占英国温室气体总排放的 14%。政府分析建议通过房屋翻新和其他改善措施提高住房能效，在降低采暖成本方面，比能源价格和其他政策更具成本效益。除了减少排放，提高效率和住房的综合质量也能够改善这些投资的金融稳定性。最近研究发现可持续特征与较低的商业证券抵押违约风险密切相关。

绿化住房能效面临一系列的制度、行为和市场障碍，这些障碍往往驱使资本投向更加有利可图的房屋改造。多年以来，英国出台一系列政策措施，包括综合运用补贴、能源利用强制规定以及市场化的机制等手段，推进绿化投资。最近的政策是绿色新政。

4．动员资本市场

通过努力将可持续性融入英国股票与债券市场，主要集中在信息披露、投资分析和融资方面。

CDP（原碳披露项目，成立于 2002 年、总部设在英国）动员全球投资者共同要求上市公司披露其气候变化风险及机遇。随着参与公司数量的激增，2012 年伦敦政府决定在伦敦证券交易所的所有上市公司都需要提交温室气体报告，富时指数前 100 位的 100%，前 206 位的 99% 都披露了其温室气体排放情况。重要的是，这些变化大大改善了伦敦交易所在全球 45 个证券交易所中关于可持续透明度方面的排名，由 2013 年的第十一位上升到 2014 年的第五位。2014 年，伦敦证交所加入了可持续证券交易所倡议（SSEI）。然而问题依然存在，包括信息披露是否足以让投资者充分了解源于气候变化和水资源的关键环境风险。

信息披露是一个将可持续性因素纳入市场估值和分析的重要先决条件。英国汇丰（HSBC）建立了世界第一个专门的社会责任投资股票分析（"卖方"）团队，它也将继续是英国乃至国际投资银行可持续发展研究分析的中心。虽然 2015 年排名前五位的基于可持续发展的投资银行里 3 个在法国，只有 2 个在英国，世界主要的信用评价机构，包括惠誉、穆迪和标准普尔——总部设在纽约，但是大部分的可持续发展因素的创新工作却在伦敦。

最后，资本市场有一个强大的作用，即可为绿色基础设施和创新筹集资金，特别是通过绿色债券和股权投资信托的方式。英国是主要的绿色债券市场——债券的收益用于金融资产过渡到低碳、绿色经济。英国气候债券倡议评估了英国现有发行的"气候一致"债券，以及特别标注的"绿色债券"。其最近的一份报告发现，2015 年 7 月，英国已是第三大绿色债券市场，仅次于中国和美国，占到全球绿色债券的 9%，总额为 571 亿美元。

就部门而言，运输相关债券（特别是铁路）继续主导英国绿色债券市场——包括基于优秀的环保效益的公路和航空运输。然而，近年来，清洁能源相关债券发行越来越多，占比和发行量也在逐年上升（图4）。与绿色债券市场情况相似的是，绿色信托投资基金也越来越多地流向可再生能源方面。

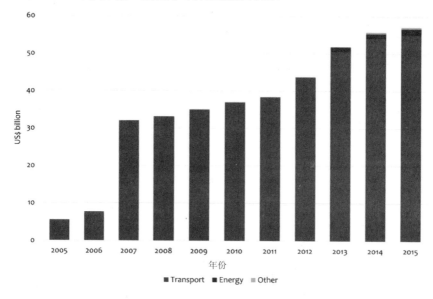

图4　2005—2015年英国相关部门发行绿色债券的情况

越来越多的国家和地区建立了绿色债券市场发展委员会，结合政策制定者和市场从业人员确定合作行动的关键优先事项，如标准和激励。其中包括巴西、中国、加拿大、美国加利福尼亚州、印度、墨西哥和土耳其，中国人民银行的绿色债券标准也有望于最近出炉。

5. 审慎治理

在金融危机爆发后，英国的审慎监管已经从单个金融机构的内部风险管理扩展到整个金融系统以及更广泛的经济类别中。正如2008年国际金融危机开始时，英国通过了气候变化法案，成了当时世界上最具影响的为实现向低碳经济过渡和适应气候变化的战略立法框架，英国央行（Bank of England）现有的审慎监管局（PRA）在历史悠久的货币政策委员会之外建立了一个新的金融政策委员会。过去5年中，看似无关的金融体系治理和低碳转型之间的关系变得越来越来越紧密。

2012年，应对气候变化和英国央行稳定金融第一次建立起关联。2014年，PRA开始讨论气候变化对英国保险部门的影响，之后邀请环境、食品和农村事务部一起根据《气候变化法案》编写并于2015年9月出版了相关报告。报告确立了一个审查框架，确定了气候变化可能带来的三个影响保险行业的主要风险因素。

（1）物理风险。物理风险包括气候变化带来的极端天气和自然灾害的直接影响，以及自然资本退化、贸易终止等间接影响，都可能会对保险行业整体的商业模式带来挑战。

（2）过渡风险。过渡风险主要金融风险源于破坏性的经济和政策变化会影响市场。在投资方面这种风险可能直接或间接影响高碳排放类证券，导致资本市场的波动性。保险业务也可能会受到影响，使其降低某些行业保费。

（3）债务风险。债务风险气候变化带来的成本损失会传导到保险公司。

报告认为虽然有些风险可以被规避，但气候变化风险评估和负债、资产之间的缺口（PRA 称为"认知失调"）、投资者瞬息变化的情绪、潜在的环境责任都是许多重要的商业模式和政策需要面对的挑战。重要的是，报告认为应该针对气候变化增加相应的金融监管，并提议国际应建立一个共同网络保险监管机构，共同应对可持续发展的挑战。

6．公共资产负债表

信贷危机后的财政约束促使人们重新思考公共资产负债表在支持低碳转型中的作用。在资本供给方面，重点是三个领域。

（1）绿色投资银行。2012 年，世界第一家绿色投资银行（GIB）成立，旨在解决在低碳投融资方面的市场失灵。截至 2015 年 11 月，GIB 已经出资 23 亿英镑支持了 58 个绿色基础设施项目，总交易额约为 101 亿英镑。在 2013 年提出允许私人资本加入 GIB 的想法后，2015 年 6 月，政府宣布了允许私人资本进入 GIB 的计划。展望未来，GIB 应该考虑通过政策优化建立怎样的市场角色来填补发展中的不足。

（2）鼓励储蓄、养老金和企业投资。通过一系列的结构性激励措施，2014 年，太阳能计划吸引了许多企业投资。目前，资金又开始向厌氧分解和水处理等环境技术汇集。

（3）非常规货币政策。应对金融危机时，英国引入了大量的非常规货币政策刺激经济复苏。虽然没有明确的绿色经济政策，但这不妨碍它们之间的融合。

7．英国金融体系可持续治理

可持续发展推动了英国金融体系与社会和市场创新的结合。过去的 5 年中，主要体现为以下三个领域的政策改革。

（1）推广普及了好的市场实践：关键例证是在 2012 年的伦敦证交所的温室气体披露制度；

（2）应对了系统性挑战：关键的例子是 PRA 评估了气候变化对保险行业的影响；

（3）在新市场克服了融资"瓶颈"：GIB 的建立就是最好的例证。

目前，相较于应对系统风险、市场滥用、行业竞争以及职业道德等问题，如何基于可持续性来管理英国金融系统的"游戏规则"逐渐成为主流。

三、未来可持续金融战略的 9 个优先领域

虽然英国在很多领域的领导地位毋庸置疑，但可持续性依然可称为金融体系中"沉睡的巨人"。虽然英国是许多可持续金融创新的源泉，但使其制度化、常态化却不是简单的事情，很多其他市场的追随者正在沿着英国的实践以更快的速度发展。

进入 2016 年，全球可持续金融发展将会进一步强化，不仅因为通过了中国的决议，将绿色融资作为 20 国集团的核心主题，还因为推出了一个由中英主持，UNEP担任秘书处的联合研究小组。基于已有研究，英国确立了其可持续金融战略的优先领域，包括：

（1）深化可持续发展相关信息的披露和分析；

（2）确立可持续性的整体管理、信托责任体系和结构；

（3）成立绿色债券中心；

（4）准许个人投资者获得可持续性相关的正确信息；

（5）完善绿色投资银行的追踪记录；

（6）系统考察环境风险，将英格兰银行的审核业务从保险业扩展到其他部门，如银行；

（7）促进住房绿色化的融资，以减少能源成本和环境影响；

（8）促进可持续金融的解决方案；

（9）将可持续要求植入金融文化。

中印环保合作基础及政策建议分析[*]

温源远　李宏涛

中国和印度同属发展中国家和人口大国，共同面临着既要谋求发展，又要保护环境的双重挑战。加强中印环保合作不仅有助于服务外交大局协力推进中印关系整体提升，服务国内大局促进国内环保和绿色发展，也有助于协调中印环保国际合作立场合力发声。本文将通过分析中印环保合作的重要基础，研究提出加强中印环保合作的政策建议，供决策参考。

一、中印环保合作基础

1. 中印环保合作政治基础更加稳固

我国将周边外交作为首要，强调深化南南合作，并实施"一带一路"战略。印度不仅是我国的重要邻国，也是基础四国、金砖国家、南盟的重要成员和"一带一路"战略重要合作对象，我国非常重视和印度的合作。2013 年 5 月，李克强出任总理后首访一站即是印度。2014 年 5 月，印度新总理莫迪宣誓就职，同年 9 月，习近平总书记即对印度进行了国事访问，会见了印度总统慕克吉，并与总理莫迪举行会谈。习近平总书记访印期间，共发表了 1 篇署名文章，1 次演讲，并签署了 1 份联合声明。联合声明指出，中印双方应通过中印战略经济对话探讨新的经济合作领域，包括产业投资、基础设施建设、节能环保、高技术、清洁能源、可持续城镇化等，并表示将争取在未来五年内向印度工业和基础设施发展项目投资 200 亿美元。中印关系发展站在了新的历史起点，中印环保合作迎来新的战略机遇。

2. 中印国内环境问题高度相似

在环境方面，中印两国相似度高、合作潜力大。印度空气污染严重，$PM_{2.5}$ 水平全球最高，全球 30 个污染最严重的城市中，印度占了 16 席；印度水资源紧张、河流与海洋污染严重，恒河被列入世界污染最严重的河流之列，海岸及海洋生物多样

---

* 《环境保护对外合作中心通讯》2016 年第 9 期。

性不断流失，地下水系统遭受严重侵蚀；森林覆盖率下降，动植物栖息地退化，野生动植物不断减少；气候变化造成的高温天气增多、旱涝灾害加重，都是其面临的紧迫问题。以新德里为例，新德里旁边的雅穆纳河由于污染已经成为黑臭水体，完全丧失了生态功能，居民饮用水安全已经无法保障。新德里的空气污染也备受诟病，被指是全球空气污染最严重的城市。冬季除了扬尘、汽车排放、燃煤等污染，新德里附近的穷人燃烧橡胶、塑料等材料采暖，造成严重的空气污染。突出的空气污染、河流污染、废物处理问题成为印度社会经济发展的巨大短板。印度国内环境问题不仅制约了其自身经济发展，引发社会问题，也大大压缩了和我国经贸合作的空间。

3. 中印在国际环境谈判中立场相近

中印都是重要国际环境公约的签约国，具体包括《联合国气候变化框架公约》《生物多样性公约》《控制危险废物越境转移及其处置的巴塞尔公约》《保护臭氧层维也纳公约》《关于消耗臭氧层的蒙特利尔议定书》《关于持久性有机污染物的斯德哥尔摩公约》《关于在国际贸易中对某些危险化学品和农药采用事先知情同意程序的鹿特丹公约》等。相似的国情及面临的环境和发展突出问题，决定了两国在国际环境谈判上立场相近，均代表广大发展中国家的利益，共同应对来自发达国家的压力。

4. 印度政府高度关注环保，与我国合作意愿强烈

印度政府目前对环境问题高度关注，正急切寻求环境治理的可行方案，并对我国的环境治理经验表现出强烈兴趣。在 2015 年，全球通过可持续发展目标和巴黎气候协定后，印度即与联合国环境规划署于 2016 年 3 月共同主办了题为"迈向 2030 可持续发展目标的法制建设"国际研讨会，积极响应和力图引领可持续发展实践。会议聚焦 2030 可持续发展目标、巴黎气候大会协定以及印度国内环境保护等议题。莫迪总理亲自出席并发言，表达了印度政府对包容和可持续发展理念的认同，以及加强法制建设、积极推进自然资源和环境保护、应对气候变化的决心。会上，印度各界对我国的生态文明建设、新环保法实施、环保技术、国际公约履约成就和进展表现出强烈兴趣，并希望加强交流合作。2012 年，在第二次中印战略经济对话节能环保工作组会议上，印度还曾耗资 5 亿美元向中国节能环保企业购买燃煤电厂除尘设备和共同投资建设生活垃圾处理设施。加强中印环保合作时机已经成熟。

5. 中印环境合作有一定机制基础，但实质内容不足

中印曾经于 1993 年签署过《中印政府环境合作协定》。2006 年 11 月，双方发表了《中印联合声明》，专门探讨了两国未来在环境领域的合作，并先后于 2007 年和 2010 年建立了中印战略对话和中印战略经济对话机制，这些机制下都设有环境工作组。但两国环境部门的机制合作缺乏实质内容。1993 年两国签署《中印环境合作

协定》未开展实质性合作，且实施期满 5 年后，并未续签或重签合作协定或备忘录。另外，已有环境合作重点关注能源合作，环保部门参与的环境合作相对较少。如中印战略经济对话项下有环保分组或对话，也具体开展了环境技术领域的交流与合作，但分组会的中国代表团由商务部与国家能源局等相关部门组成，环境保护部官员没有参与其中。此外，中印已有环境合作层次仍较浅。在中印战略对话和中印战略经济对话两个机制下，主要开展的是政府层面，重点是中央政府层面的交流与对话，深化的环境合作项目比较少。

二、加强中印环保合作的建议

1．继续加强中印环保合作交流高层对话

首届金砖国家环境部长非正式会议和正式会议已分别于 2014 年和 2015 年成功举办，金砖国家环境合作正式开启。印度对该机制持积极乐观的态度和立场，这是一个良好的开端。我国应继续坚持加强与印方高层的对话，利用各种国际合作高层平台加强与印方的环境合作交流，并积极推进将更多中印环保合作议题和内容纳入两国领导人和外长对话交流议题，从上至下推进中印两国关系改进。

2．建立中印环保双边合作常态机制和新平台

在政府层面，可以印度为重点和试点，建立专门的中印环保合作政府间合作交流常态化机制，整合各项中印环保合作对话资源，系统梳理和深入分析印方环境合作需求，为中印量身定制更有针对性的合作方案及项目，切实推进一些印度关切的环境与发展突出问题的解决。

在社会层面，搭建产业、技术、项目、研究等交流合作官方平台，打造产业技术交流的国家队，加大对社会力量的科学引导，树立良好的对外合作大国形象。

在资金方面，针对当前广大发展中国家在环境保护方面面临的问题和需求，加强在"一带一路""南南合作""亚洲基础设施投资银行建设"等重大对外战略中环境保护领域投入的力度，建立"南南合作绿色基金"，为我国对外合作提供新的平台，为我国环保产业"走出去"提供新的机遇。

3．加强对印方主导的环保倡议的响应支持

印度虽然经济发展还相对落后，但大国情结深厚，一直在凭借自身语言优势，利用国际舞台频频发声，发起各类倡议，提高其全球显示度。如 2015 年，印度总理莫迪和法国总统奥朗德在巴黎气候变化大会宣布成立"国际太阳能联盟"（International Solar Alliance），旨在促进太阳能在全球的普及和发展，并对气候变化的问题产生积极的影响。印度在这个项目上发挥了领导作用，邀请了 120 个国家加

入该联盟，联盟总部也将设在印度。在 2015 年瑞典世界水周，印度代表团获"斯德哥尔摩水奖"，并在会上积极宣传印度的修复水体保障农村安全用水方面所做的努力。此外，从上文提到的印度积极举办迈向 2030 可持续发展目标的法制建设国际研讨会也可以看出，印度希望通过这样的活动，一方面展示印度开展国际合作的积极态度；另一方面增进各国对印度的了解，得到更多国家的支持，从而加大印度在国际舞台上的话语权。建议我国也加大对印度发起倡议的支持和响应力度，提高参与规格，共同发声，共同提升国际形象，积厚中印合作基础。

4．找准中印环保合作切入点

结合中印两国国情，我国应更加侧重与印方加强在战略规划设计、法律政策制定、执法管理升级、技术项目优选、人才培养输送等软实力方面的交流与合作，通过增强互学互促，增强各自的软实力，促进硬实力发挥。

几个比较有潜力的合作领域包括以下几个方面。

（1）优先加强中印环保技术合作

尽管在环境治理方面，印度国内总体意愿强烈，但鉴于印度环境、森林与气候变化部对两国环境合作不是特别积极，可考虑先从环保技术务实合作入手，共同建立中印环保技术合作平台，开展交流互访、召开研讨会等方式增进了解，从而根据印度需求输出我国的经验和技术。可通过对外合作中心建设的环保技术国际智汇平台（3iPET），与印度合作共建 3iPET 合作基地，或通过联合国工发组织等多边机构与印度开展合作。

（2）借鉴吸收印度绿色法庭成功经验

印度国家绿色法庭建立于 2010 年 10 月。法庭按照可持续发展、预防和污染者付费三个原则对破坏环境的案件进行司法审判。迄今为止已受理案件 13 136 起，审结案件 9 669 件，审结率达到 82%，多数案件都在一年内得到处理。印度是继澳大利亚和新西兰后全球第三个实施绿色法庭制度的国家，该制度在印度被认为是环境可持续治理方面的一个重要推动力量，鼓励了大量法律从业者细化环境方面的制度和法规，并对公众环境意识的提升发挥了重要作用。印度区域级的绿色法庭在推动环境治理方面甚至比国家绿色法庭更加积极，这些都值得我国加强学习借鉴。

（3）搭建南南合作绿色基金

加快建立"南南合作绿色基金"，对中印政府间环保合作机制、环保产业技术合作机制，以及"一带一路"绿色保障机制形成稳定的资金支持，资金优先向印度等大国倾斜。

5．加强我国环保工作及生态文明建设经验的宣传

在积极参与印方主导的环境倡议的同时，加大自身在国际舞台的发声力度，并积极争取印度支持。如根据联合国倡议，顺势而为，提出中国的环境发展践行倡议路线，号召各国共同遵守和努力；多利用国际场合发出中国声音，讲好中国故事，分享中国经验，逐步扩大中国影响力。具体措施可包括：一是加强对新启动的中国环境信息网的建设，全面、及时反映中国在环境保护方面的各项举措和进展；二是适时主办高级的国际环境论坛，包括主办一些有影响力的环境公约缔约方大会，提高中国在环境保护方面的话语权和影响力，提升国家形象；三是加大对中国环保技术的对外宣传，特别是对发展中国家的宣传，为中国环保技术"走出去"提供机会。

《2030 年可持续发展议程》后续落实评估体系
建立进展及相关建议*

裴一林　　杨晓华

2015 年 9 月 25—27 日联合国可持续发展峰会上，193 个成员国达成成果文件《变革我们的世界：2030 年可持续发展议程》（以下简称"可持续发展议程"），可持续发展议程包括 17 项可持续发展目标和 169 项具体目标，为推动世界各国实现经济、社会和环境三方面的可持续发展，引领未来 15 年各国发展行动和国际发展合作指明了方向。随着可持续发展议程内容最终确定，其后续落实与评估成为各国关注的重点。本文对 2030 年可持续发展议程的后续落实和评估体系的建立和现状进行梳理，分析其国际层面的组织结构和评估方式，以期为我国积极参与、应对、落实 2030 年可持续发展议程提供参考。

一、组织结构

1. 高级别政治论坛：发挥核心作用

联合国经济及社会理事会（以下简称"经社理事会"）主持的高级别政治论坛在可持续发展议程的后续落实和评估工作方面发挥核心作用。2012 年"里约+20"峰会上通过的《我们希望的未来》决议中，将联合国可持续发展委员会升级为可持续发展高级别政治论坛，并自此发起了全球可持续发展目标制定进程。虽然对高级别政治论坛最初的定位是一个政府间论坛，但联合国决议逐渐将其职能扩展为一个促进各方参与的平台，并强调发挥其在汇聚数据、审议报告方面的作用，使其成为落实可持续发展议程的信息交换的中心，有效地促进科学数据与政策制定的衔接，对可持续发展议程的后续工作提供政治指导和建议。

高级别政治论坛每隔四年由联合国大会（以下简称"大会"）组织召开一次国家元首或政府首脑级别的会议，各国元首和政府首脑通过政治宣言的方式，为议程及

---

* 《环境保护对外合作中心通讯》2016 年第 14 期。

其执行工作提供最高级别的政治指导，尤其是发挥在全面评估进展、发现新挑战和动员各国采取进一步行动方面的作用。

此外，论坛每年在经社理事会的组织下召开年度会议，年度高级别政治论坛对议程落实情况的评估更为细致详尽，通常包括四个部分：①评估总体进展情况，对可持续发展目标进展情况报告、国家评估、区域评估进行审查；②评估在特定领域取得的进展，对一组可持续发展目标进行专题评估和深入评估；③评估关于《亚的斯亚贝巴行动议程》的目标17和其他投入；④发现新问题和正在出现的问题及长远展望。

2．联合国大会：发挥统筹作用

联合国大会作为联合国的主要议事和政策制定机关。除了上述通过主持召开高级别政治论坛的方式促进议程落实之外，大会在可持续发展议程的制定和实施中发挥统筹各方的作用。大会通过的与可持续发展议程相关的重要决议有《我们需要的未来（2012年）》，明确了高级别政治论坛的职能、目标和组织运作方式的《可持续发展问题高级别政治论坛的形式和组织方面问题（2013年）》和就实现可持续发展议程所需资金提出了具体筹措建议的《亚的斯亚贝巴行动议程（2015年）》。大会还将可持续发展议程相关问题转化为联合国大会、首脑会议等国际会议的议事内容，审查联合国系统在协助成员国执行议程方面所做的贡献情况和支持力度。

3．经社理事会：发挥支持作用

联合国经社理事会是联合国的六个主要机构中系统推进可持续发展的核心机构，促进落实可持续发展议程是经社理事会的重要工作之一，包括每年在其主持下召开的高级别政治论坛年度会议。经社理事会的各职司委员会也将支持高级别政治论坛各项后续落实和评估工作的开展，例如，在数据统计方面发挥重要作用的统计委员会。

二、评估框架

各国基于21世纪初期实施千年发展目标的经验，承诺在可持续发展议程的落实中，将会"系统地落实和评估本议程今后15年的执行情况"，并为此致力于建立一个"积极、自愿、有效、普遍参与和透明的综合后续落实和评估框架"。现有对可持续发展议程实施情况的评估可分为联合国机构主导的国际层面的评估与区域和国家层面的自愿评估，三个层面上的后续落实与评估机制是可持续发展议程有效落实的保障措施。

1. 国家与区域层面的自愿评估

在国家层面，可持续发展议程鼓励会员国在国家层面和国家以下的地区层面定期进行进展评估，评估工作由国家来主导和推动。国家以简短口头报告和提交书面报告的方式在高级别政治论坛上进行自愿评估，每届高级别论坛会议上进行的评估力求实现国家的公平地域分配，并包含处于不同发展阶段的国家。为此，联合国秘书长提出了一份"关于高级别政治论坛自愿国家评估的自愿统一报告准则"，可作为各国开展自愿报告形式和内容的参考。

在区域层面，可持续发展议程认为区域和次区域各级的后续落实和评估可为各国的互学互鉴、分享最佳做法和讨论共同目标提供机会，因此鼓励各国寻找最恰当的区域论坛，通过区域、次区域论坛开展这项合作。国家和区域层面的评估很大程度上取决于国家和地区的自愿行动。国别和区域评估将为全球层面的评估奠定基础。

2. 联合国主导的全球评估

在全球层面，以高级别政治论坛为核心，由经社理事会及其职司委员会支撑，评估可分为专题评估、总体评估等。经社理事会各职司委员会以及其他政府间机构和论坛，如联合国环境大会、世界卫生大会、国际劳工大会、联合国粮农组织等，为高级别政治论坛进行专题评估提供支持。在全球评估中，最为重要的总体评估成果当属每年更新一次的《可持续发展目标年度进展报告》和四年更新一次的《全球可持续发展报告》。

3. 全球评估的主要成果

《可持续发展目标年度进展报告》由联合国秘书处和其他国际机构合作编写，其评估依据是可持续发展目标的全球指标体系。年度进展报告将分析每个可持续发展目标落实情况的现状及趋势，大多数情况下，报告中的数据多体现为区域和（或）次区域总量，一般不以国家为对象进行分析。

《全球可持续发展报告》则更侧重于政策和科学研究。2016 年《全球可持续发展报告》的研究内容包括"不让一个人掉队"这项高级别政治论坛主题的内涵，基础设施、平等和复原力之间的关系，科技和可持续发展的关系，机构在构建包容性社会中的作用，以及可持续发展进程中正在出现的新兴问题。

根据 2016 年高级别政治论坛的部长宣言，《全球可持续发展报告》相对于《可持续发展目标年度进展报告》更具科学性和分析性，侧重于科学与政策的衔接，两者是彼此不同但相互补充的关系。这份四年一度发布的《全球可持续发展报告》由独立的科学家小组负责起草，小组由不同背景、学科和机构的 15 名专家组成，并需确保地域和性别均衡。联合国秘书长可与会员国进行磋商，包括可能接受会员国的提名，任命小组成员。

三、评估标准：SDGs 全球指标体系的形成

1. 全球指标体系的建立机构

对可持续发展目标的实施情况进行评估时，需要将内涵相对宽泛的目标和具体目标转换为具体、可量化的评估标准，为此联合国系统建立了一套可持续发展目标全球指标体系。根据可持续发展议程，对建立"全球指标体系"的原则性要求是"这一框架应做到简明严格，涵盖所有可持续发展目标和具体目标，包括执行手段，保持它们的政治平衡、整合性和雄心水平"。

全球指标体系的建立和完善由"可持续发展目标的指标跨机构专家组"（IAEG-SDGs）负责，该专家组由经社理事会下设的统计委员会于 2015 年 3 月的第 46 次会议设立。其成员为部分联合国会员国，国际和区域组织为其观察员。该指标体系最终应由经社理事会及联合国大会予以通过。

2. 全球指标体系的制定情况

目前，统计委员会在其 2016 年 3 月的第 47 次会议已经商定并形成了初步的可持续发展目标指标体系，总共包括 230 个指标，作为现行评估的参考标准。

在提交经社理事会和大会正式通过之前，指标跨机构专家组还将对指标体系进行一系列细化和完善，并将完善指标体系认定为一项长期进行的过程。对于每项指标相关数据的收集工作，专家组商议确定了相应的国际机构作为负责数据收集和数据完善的监管机构（例如，关于指标 6.3.1 安全处理废水的比例，相关数据由联合国环境规划署负责）。

根据指标和对应数据的情况，指标跨机构专家组将指标分为了三类：有既定方法和可广泛获取数据的为一类指标；有既定方法但数据密度不充分的为二类指标；方法尚待完善开发的为三类指标。目前，约 60%的指标被暂时列为第一类和第二类，约 40%的指标被列为第三类。开发和完善第三类指标将是指标跨机构专家组当前的工作重点。

3. 鼓励制定区域和国家指标体系

除了国际层面指标体系的制定，议程鼓励国家和区域在参考国际指标体系的基础上，结合当地具体实践，制定国别和区域层面的评估指标，对全球指标体系予以补充。一方面，这是由于目前的国际指标体系中许多内容仍有不明确、难以量化之处，国家和区域层面制定指标的探索工作与国际层面的工作互为补充，促进评估工作在国家层面的落实；另一方面，这也反映出议程制定过程中，各国协商一致的后续落实和评估工作应予以遵循的原则，包括"自愿进行，由各国主导，兼顾各国不

同的现实情况、能力和发展水平，并尊重各国的政策空间和优先事项。"

四、数据收集：全球评估的数据来源以及国家报送

1. 编纂年度进展报告的数据来源

可持续发展议程的全球评估中，数据来源原则上为国际机构收集的国家统计数据。以《可持续发展目标年度进展报告》为例，共有53个联合国分支机构和其他国际机构按照其各自职能进行初步数据收集工作，继而由秘书处进行汇总、统计和分析，以用于可持续发展议程的评估。除了国家有关部门主动公开的数据，国际机构也可与国家相关部门沟通取得部分数据或接受国家报送的数据。

此外，区域和国际机构在进行数据统计时应保证各国数据之间具有可比性。因此，在进行全球评估时，联合国统计机构可能因为数据缺乏可比性而需要对国家统计数据进行转换或调整，或者在数据空缺时进行估算。依据统计委员会的决议，联合国机构在采纳预估数时，应与国家统计当局充分协商。全球评估报告中数据将以区域或次区域总和的形式展现，数据的质量主要由收集数据的国际机构负责。

2. 数据报送机制仍在不断完善之中

考虑数据是评估和推进可持续发展目标落实的关键一环，联合国统计部门一直在提高数据质量、可获得性和可比性方面做出努力。联合国统计部门积极推动数据的国际认可标准，并希望国家统计机构在国家层面采用该标准，提高国家统计数据的国际可比性。因此，可持续发展目标指标跨机构专家组（IAEG-SDGs）下设了统计数据和元数据交换工作组，致力于研究数据结构和元数据结构的全球统一定义。

联合国统计部门也积极倡导完善国家向国际报送数据的机制，以及加强国家统计机构和其他国家机构的协调职能。统计委员会在 2015 年 3 月设立 2030 年可持续发展议程伙伴关系、协调和能力建设高级别小组，提供统计方面的工作支持。小组目前正在制订可持续发展数据全球行动计划，涉及可持续发展数据的编制和使用等各方面的问题。

3. 数据统计阶段性成果

目前，可持续发展议程指标体系的相关数据已汇入"可持续发展议程数据库"并在网站上对外公布。数据库可以以指标或国家为范围进行搜索，但部分指标数据仍然处于缺失状态。已汇总的数据依据其来源分为了国家数据、经调整过的国家数据、估算数据、全球监测数据、模型推算数据或数据不存在。该数据库是撰写全球评估报告的重要依据和补充。2017 年 1 月，首届联合国全球数据论坛也将在南非召开，显示出数据和统计问题在可持续发展议程实施过程中的重要程度。

五、政策建议

可持续发展议程落实评估体系的突出特点是"指标化治理",即通过"目标—具体目标—指标"的模式将内涵和外延不够清晰的目标变为具体清晰、可衡量、可量化的内容。这种评估方式涉及极其大量的数据统计和数据分析工作。我国高度重视落实可持续发展议程,将主动参与、积极落实 2030 年可持续发展议程写入中共中央十八届五中全会公报、《中华人民共和国国民经济和社会发展第十三个五年规划纲要》中,并于 2016 年 9 月发布了《中国落实 2030 年可持续发展议程国别方案》。对我国参与、落实可持续发展议程提出以下 3 点建议。

第一,结合全球指标体系和我国国情,提出我国进行可持续发展议程评估的指标体系。全球指标体系中仍有部分指标内涵模糊、难以量化;且全球指标的制定具有一定灵活度,给国家制定其国内指标留有一定政策空间。我国应尽快研究国内相关统计能力和数据情况,积极建立我国进行可持续发展评估的指标体系,一方面有利于积极参与国际层面可持续发展议程的实施和评估进程,掌握国际话语权和主动权;另一方面也可通过我国评估可持续发展目标的经验,影响全球指标体系的完善进程,为全球落实可持续发展议程贡献力量。

第二,提高数据统计和监测能力,构建与可持续发展目标相关联的生态环境大数据。根据国务院批准的议程落实分工方案,可持续发展议程的 17 个目标、169 个具体目标和 230 个指标中,与环境保护相关的有 9 个目标、24 个具体目标和 31 个指标。大数据的综合应用和集成分析是支持可持续发展议程后续落实和评估的工具。我国应在实施《生态环境大数据建设总体方案》过程中,考虑落实可持续发展议程未来的数据统计需求。

首先,参照目前的全球指标体系对比得出我国进行可持续发展议程评估方面的数据需求、数据缺口或我国主导使用的数据。其次,应尽可能将上述数据需求纳入环保大数据建设的工作范围,使我国统计系统逐步掌握评估可持续发展议程所需的数据。最后,还应积极跟进联合国在制定数据国际标准和提高数据可比性方面的进展,促进我国统计能力与可持续发展议程的统计要求对接。

第三,积极参与国际层面可持续发展议程的落实与评估工作,开展国际合作,加强国内各项工作与落实可持续发展目标之间的对接。联合国高度重视和鼓励国家在落实可持续发展议程中的主动参与。我国环保部门应积极参与议程落实工作,关注每年高级别政治论坛重点审查的目标,涉及环境保护的内容应加强与联合国环境规划署的数据沟通,与国际组织、相关国家在落实可持续发展议程背景下开拓环保领域的新合作。此外，应鼓励、支持我国研究机构、专家学者参与全球评估的具体工作，例如，《全球可持续发展报告》和相关研究报告的编写。我国还应将落实可持续发展议程与推进国内环保政策进行有效衔接，两者形成合力，在推进国内环保工作的同时，将环保工作的进展体现于可持续发展议程的落实评估之中。

美国大选之后绿色转型前景展望[*]

美国新当选总统特朗普在竞选中曾提出，取消美国国家环保局（EPA）、重启煤炭产业和石油开采等。他正式就任总统后，奥巴马政府制定的清洁能源计划是否会受到影响，美国是否会退出或者是消极对待《巴黎协定》，是否还会继续履行向绿色气候基金注资 30 亿美元承诺等，这些均给未来国际形势投下不确定阴影，更为环境领域的全球合作带来诸多挑战。然而，挑战往往与机遇并存。中国等发展中国家坚定践行绿色发展道路，也为全球可持续增长注入了希望与活力。

应国合会邀请，由清华大学产业发展与环境治理研究中心承办，国合会委员、世界资源研究所主席兼首席执行官安德鲁·斯蒂尔博士在清华大学公共管理学院进行主题为"美国大选之后绿色转型前景展望"演讲，就国际气候变化与环境合作发展趋势分享了观点。

一、特朗普对气候变化等环境议题持消极态度

首先，特朗普直言要取消美国国家环保局。特朗普任命斯科特·普鲁特（Scott Pruitt）为环保局下一任局长。斯科特·普鲁特一向猛烈抨击环保局工作，并力批奥巴马总统通过大幅减少美国电厂碳排放以应对气候变化的计划。普鲁特认为，这项计划超越了 1970 年《清洁空气法》赋予它的权限。所以这一任命必然将削弱美国国家环保局应对气候变化以及其他环境监管力量。

其次，特朗普说气候变化是个玩笑，是中国人发明出来的。特朗普近期宣布将取消奥巴马政府颁布的电厂减排计划，表示要将煤炭重新带回美国经济，同时还计划开放南北极海域用来探测油气。不仅如此，特朗普还曾表示美国以往在应对气候变化方面投入过多，他就任后将切断这些资金来源，并让美国退出巴黎气候变化协定。

---

[*] 《环境保护对外合作中心通讯》2016 年第 16 期。

二、美国应对气候变化国际国内政策将保持大体稳定

美国宪法限制总统权力，在立法、行政、司法方面三权分立制衡。2007 年，美国最高法院将温室气体认定为《清洁空气法案》（CAA）管理下的"空气污染物"，授权环保局控制温室气体排放。因此，除非通过最高法院大法官改变法院决议或废除法案，美国国家环保局对温室气体排放的监管权力不会受特朗普当选影响。

此外，美国是一个联邦制的国家，州政府拥有很大权力，很多环境方面决策是在州这个层面做出，所以总统能干涉的也非常有限，不能影响很多州的环境立法、司法和行政。美国有 1/2 的州（主要是共和党控制的州）希望减少法律对温室气体排放管控，但是加州、纽约州等州对推动环境相关立法持积极态度。

国际影响也是特朗普需要考虑的一点。世界各国都支持《巴黎协定》，这是历史潮流，面对来自各国外交压力，他很有可能会重新考虑其应对气候变化立场。

三、一个更加绿色的全球增长模式已经启动

特朗普就任后，美国及全球绿色转型前景到底如何？可以预判，特朗普肯定不会像奥巴马总统一样主动倡导与习近平总书记签署环境方面的协议和承诺，但是以下八个"全球绿色转型趋势"揭示了一个更加绿色的增长时代已经来临，并将持续推进。

1. 全球携手推动绿色发展

2015 年巴黎气候变化大会最大限度地凝聚了各方共识，将全球气候治理的理念进一步确定为低碳绿色发展，是国际社会应对气候变化进程中向前迈出的关键一步，具有里程碑式的非凡意义。而在 2016 年的马拉喀什大会上，各国均表示，无论美国将如何行动，各国都将努力推进《巴黎协定》落实，兑现承诺。尤其中国已经将落实气候变化《巴黎协定》与"十三五"规划、2030 年可持续发展目标国别方案结合起来，绿色发展已经成为中国全面建成小康社会的内生动力。可以说，全球推动绿色发展的共识已经形成，而且基础比较坚实。

2. 全球煤炭用量下降

过去 300 多年里，煤炭一直是人类主要能源，也是温室气体和其他污染物的主要排放源。2005 年，美国境内有 619 家火电厂，2015 年只有 427 家，下降了 1/3。2014 年、2015 年数据显示中国的煤炭使用量也呈下降态势，随着去产能、供给侧结构性改革不断深入，煤炭使用量还会进一步下降，中国正在迈向后煤炭时代。不过

也要注意到，同处亚洲地区的巴基斯坦、印度、越南等国煤炭用量还在上升。更重要的是，煤炭行业在美国大约只有 6.6 万个工作岗位，而可再生能源行业未来将产生 60 万个工作岗位，在提高能效领域将产生 190 万个岗位，从提高就业角度看，煤炭行业在美国发展前景有限。因此，特朗普想通过加大煤炭利用力度增加就业岗位的意义不大，也很难得到能源公司的响应。

3. 可再生能源的使用量上升

可再生能源价格与 1975 年相比下降了 99.4%，产量则达到 6.5 万 MW。中国是可再生能源的全球领先者，装机量也是全世界第一。特朗普强调要让美国再次变得伟大，因此在这么重要的一项技术议题上，它不会甘心让美国落后。

4. 大数据技术助力绿色增长

大数据和信息技术改变着工作方式，让跨界、跨境污染责任追究成为可能。举例而言，世界资源研究所开发的全球森林在线监测与预警系统，借助卫星和大数据信息，对全球森林进行监控，可以以 0.5 m 的精确级别找到森林起火的火源在何处。如新加坡因为苏门答腊岛森林火灾所产生的烟尘而导致学校关闭，新加坡可以准确地回追到印度尼西亚去起诉那些造成污染的人。这项技术在东南亚，如印度尼西亚、马来西亚等热带雨林国家有很多应用，帮助政府、公司和社区在火灾发生之前采取行动，避免造成巨大人身财产损失，也降低由于毁林造成温室气体排放。

5. 私营企业正在积极采取行动

私营企业在推动应对气候变化方面发挥着巨大作用，他们意识到低碳发展对公司可持续经营非常重要。2016 年年初，世界资源研究所联合世界自然基金会等机构开展一项帮助企业消除生产碳足迹的工作，目前超过 200 家大型企业，包括沃尔玛、家乐福、通用汽车、丰田汽车、可口可乐、宜家、惠普、思科行业巨头都自主参与进来。这 200 家企业代表约 4.8 万亿美元市场价值，与东京证券交易所总估计值相当，每年有 6.27 亿 t 的 CO_2 排放量，大致相当于韩国年排放量。再比如说"热带森林联盟"，加入联盟的企业承诺只购买合法森林、棕榈林产出的棕榈油，杜绝非法伐木、毁林等产品。这些领先的商业企业行为，对政府政策和公众消费行为的影响是巨大的。

6. 城市成为应对气候变化重要战场

对城市来说，温室气体排放高低是城市效率的一种体现。全球有超过 605 个城市（总人口约为 4.45 亿人，占全球总人口 6.15%）愿意加入市长契约（Compact of Mayors），努力成为低碳城市。目前，中国共有 42 个国家低碳省、区、城市试点，这些试点地区人口占全国 40% 左右，GDP 占全国总量 60% 左右，这一数字现在还在不断增长，会进一步扩大到 100 个城市。印度也有一个建 100 个智慧城市的计划。

无论是低碳城市还是智慧城市都有三个共同的特点：低碳建筑、绿色交通和清洁能源。北京有很多创新，比如正在尝试考虑征收拥堵费治理交通拥堵，以及依托移动互联技术的"摩拜单车"等，都非常激励人心。

7. 绿色金融支撑绿色发展

研究表明，2020 年以前，全球在清洁水源、可持续运输和可再生能源的绿色基础设施投资每年需要 5.7 万亿美元，才能防止气候变化可能产生的最坏影响。但目前全世界大部分投资还在流向环境和社会不友好领域。可喜的是，一些主要金融机构、政府监管者已经意识到绿色金融的重要性，如英格兰央行与中国央行携手开展绿色金融研究，在 G20 杭州峰会上，中国第一次把绿色金融放到了 G20 峰会议程当中。10 月 7 日，德国财政部宣布，德国将在 2017 年担任 G20 主席国期间，继续研讨由中国发起的绿色金融议题，并由中国人民银行和英格兰银行继续共同主持 G20 绿色金融研究小组。绿色金融在成为推动全球可持续发展重要工具的同时，也将为金融机构带来振奋人心的商业机会。

8. 生态安全成为全球安全的重要组成部分

全球的安全专家都意识到气候变化及由此引起的水资源匮乏等生态危机对全球安全有重大威胁。在美国，五角大楼的国防部对气候变化关注最多，他们会对全球主要流域河流进行预测，特别是中东、非洲等地区可能出现的干旱灾害。灾害、饥荒与战争、恐怖主义息息相关，如叙利亚在内战之前经历了 6 年最严重的旱灾，尼日利亚东北部在发生严重旱灾后，出现了博科哈拉姆恐怖组织。可以说生态安全已经是全球政治安全的重要组成部分。

总的来说，特朗普不会成为环境事务的领导者，但全球绿色转型的趋势已经不可逆转。当然，面对的任务还很艰巨，气候变化、生物多样性保护等全球环境问题与贫困、女性等社会问题相交织，需要我们携起手来，持续推动技术和制度创新，这是我们的希望所在。中国已经是温室气体减排、创新发展的领先国家。中国的"生态文明"是非常令人振奋的理念，它不光强调低污染、低碳发展，更重要的是它是一种文化，强调经济和自然的和谐发展，如果生态文明这个概念能够在全球传播开的话，对全球都是巨大福音。

（中国环境与发展国际合作委员会秘书处　张慧勇　费成博　供稿）

气候变化资金问题进展与后续工作[*]

陈　兰　朱留财

摘　要： 气候变化资金问题是全球气候治理体系的重要组成部分，也是巴黎气候大会争论的焦点和难点。《巴黎协定》在资金问题上维护了"共同但有区别的责任"原则，明确要求发达国家继续出资帮助发展中国家应对气候变化，并从出资主体、资金来源与规模、资金分配、透明度及资金机制等方面对气候资金进行了部署。发达国家出资责任的落实、履约资金透明度体系建设、其他缔约方在资金问题上的行动以及资金机制各运营实体对《巴黎协定》的响应等是资金谈判的后续工作。

关键词：《巴黎协定》　资金问题　后续工作

2015 年 12 月 12 日，《联合国气候变化框架公约》（以下简称《公约》）近 200 个缔约方经过 2 周艰苦谈判，最终通过《联合国气候变化巴黎协定》（以下简称《巴黎协定》）这一举世瞩目的成果文件。《巴黎协定》在坚持"共同但有区别的责任"原则基础上，确立了以国家自主贡献为核心的"自下而上"的减排温室气体模式，提出了 2020 年后全球应对气候变化、实现绿色低碳发展的蓝图和愿景，是继 1992 年《公约》、1997 年《京都议定书》之后人类气候治理史上的里程碑[1]。除《巴黎协定》外，公约第 21 次缔约方大会还通过了一系列决定，对《巴黎协定》生效等问题做了进一步的规定和部署。

一、《巴黎协定》及决定对资金问题的具体安排

气候变化资金问题是全球气候治理体系的重要组成部分，在国际气候变化谈判中一直备受关注，也是巴黎气候大会争论的难点和焦点。《巴黎协定》延续了《公约》

---

* 应对气候变化报告（2016），2016：43-49。

[1] 推进落实《巴黎协定》共建人类美好家园——在《巴黎协定》高级别签署仪式开幕式上的讲话. http://www. ccchina. gov.cn/Detail.aspx?newsId=60580&TId=61"%20title="张高丽在《巴黎协定》高级别签署仪式开幕式上的讲话。

"共同但有区别的责任"原则,在要求发达国家继续提出全经济范围绝对量减排指标,鼓励发展中国家根据自身国情逐步向全经济范围绝对量减排或限排目标迈进的同时,明确了发达国家要继续向发展中国家提供资金支持等义务。《巴黎协定》第 9 条及《通过巴黎协定》决定"协定生效的决定""提高 2020 年前行动"等部分从以下几个方面对资金问题做出了具体安排:

1. 关于出资主体

《巴黎协定》第 9 条第 1 款和第 3 款明确了以发达国家为出资主体的责任机制,要求发达国家继续履行其在《公约》下的现有义务,提供资金以帮助发展中国家采取减缓和适应行动。协定第 9 条第 2 款虽然也鼓励其他缔约方自愿出资,但这与发达国家的法定责任有本质区别。根据第 9 条第 6 款,未来开展的资金全球盘点也仅对发达国家的履约情况进行清查,自愿出资部分不强行纳入统计范畴。《巴黎协定》对出资主体的规定体现了当前各方参与应对气候变化的主动精神,在维护"共同但有区别的责任"原则的同时也为其他各方基于各自情况采取更为积极的应对气候变化行动奠定了法理基础。

2. 关于资金来源与规模

公共资金仍将在未来的气候资金中发挥重要作用,但《巴黎协定》第 9 条第 3 款也提出发达国家可从各种来源、工具及渠道并通过采取多样化的行动动员气候资金。这样的气候资金动员应当超越之前的努力。决定第 52 段、53 段和 114 段还明确,获得资金支持能增强发展中国家落实《巴黎协定》的力度。发达国家应继续努力实现其到 2020 年每年为发展中国家动员 1 000 亿美元的出资责任,并将这一目标延续到 2025 年,直至《巴黎协定》缔约方大会制定新的筹资目标。发达国家应提高 2020 年前资金支持力度并制定落实 1 000 亿美元目标的路线图。

3. 关于资金分配

《巴黎协定》第 9 条第 4 款、决定第 54 段提出未来气候资金分配应遵循以下原则:一是应当致力于实现适应与减缓之间的平衡;二是考虑发展中国家,尤其是特别易受气候变化不利影响和能力严重受限的发展中国家,如最不发达国家、小岛屿发展中国家的国家驱动战略以及优先事项和需要;三是考虑为适应活动提供公共和基于赠款的资金的需要。四是认识到充足的、可预测的资金对森林支持的重要性。

4. 关于资金透明度

《巴黎协定》第 9 条第 5 款和第 7 款及决定 55 段、56 段及 57 段针对提高气候资金透明度做了以下安排:一是要求发达国家每两年通报"提供资金帮助发展中国家采取减缓和适应行动"和"动员气候资金"的定量和定性信息,包括通报向发展中国家提供的公共资金的预计数量。鉴于此,《公约》第 22 次缔约方大会将启动一个进程，以确定发达国家根据上述要求所需提供的信息并提交《巴黎协定》缔约方大会审议；二是要求发达国家按照《巴黎协定》第一次缔约方大会通过的模式、程序和指南，每两年通报一次通过公共干预措施向发展中国家所提供和动员的支持的情况，所提供信息应透明一致。《公约》附属科学技术咨询机构制定"通过公共干预措施提供和动员的资金"的统计模式并提交《巴黎协定》缔约方大会审议。上述两类信息均鼓励其他缔约方在自愿基础上采取同样行动。

5. 关于资金机制

按照《巴黎协定》第9条第8款和第9款以及决定第58～64段规定，《公约》的资金机制及其运营实体应作为协定的资金机制。绿色气候基金（GCF）、全球环境基金（GEF）、最不发达国家基金（LDCF）及气候变化特别基金（SCCF）继续为《巴黎协定》服务并接受其指导，资金常设委员会也为《巴黎协定》服务。适应基金则视《京都议定书》缔约方大会和《巴黎协定》缔约方大会相关决定而定。协定敦促各运营实体通过精简审批程序和强化准备活动支持确保发展中国家，尤其是最不发达国家和小岛屿发展中国家在国家气候战略和计划方面有效地获得资金支持。

二、《巴黎协定》资金问题的后续落实

《巴黎协定》确定了 2020 后全球气候治理模式，但仅是提出了国际社会合作应对气候变化的总体设想和框架，包括资金问题在内的众多要素还需在今后的谈判中加以落实和进一步细化。资金后续工作和相关难点主要包括：

1. 发达国家履行出资责任

尽管《巴黎协定》对出资主体、资金来源和规模均做了相关规定和安排，但要真正落实发达国家出资责任，有效推进气候变化国际合作进程还存在较大困难。其中资金来源和资金规模是关键，难点突出表现在：一是确定系列关键概念。主要包括：气候资金的具体概念、公共资金在气候资金中所占比重、替代性资金的具体所指、资金使用中除赠款和优惠贷款外的其他金融工具等。上述问题是资金谈判中的"老大难"，若不能找到有效解决方法，资金问题将很难实质性推进。二是落实 1 000 亿美元长期目标路线图。发达国家一直希望通过"自下而上"的松散方式实现长期资金目标，资金来源与渠道多样化，这与发展中国家要求的有目标、有步骤、有时间表的"自上而下"方式大相径庭。三是制定 2025 年后新的出资目标。《巴黎协定》缔约方大会负责制订新的资金目标，但该进程何时启动、所采用的依据、是否会纳入新的出资主体等因素均给新目标的制订增加了不确定性。此外，鉴于《巴黎协定》本身不具较强的法律约束力，发达国家的履约情况很大程度上依靠自主行动和全球

盘点遵约机制。

2. 履约资金透明度体系建设

资金落实情况是建立发达国家与发展中国家政治互信，推动全球气候治理目标实现的重要基石。尽管发达国家声称"300 亿美元快速启动资金"目标超额完成，"1 000 亿美元长期目标"稳步推进[①]，但由于缺乏统一的标准和监测方法，发达国家履行资金承诺的实际情况遭到了发展中国家的普遍质疑。《巴黎协定》对提高气候资金透明度着墨较多，也强调了其在增强未来气候变化国际合作中的重要作用，其中制定资金报告的"模式、程序和指南"是关键，但出台上述政策还面临诸多困难：一是统一气候资金定义。从《巴黎协定》相关规定来看，气候资金的概念似乎扩大到发达国家"从各种来源、工具及渠道"，并通过采取多样化的行动动员（mobilizing）的资金，这与《公约》最初规定的发达国家为发展中国家提供（Providing）的应对气候变化资金存在差异。赋予气候资金清晰、明确的概念是强化资金透明度体系建设的重要一步。二是制订科学合理的统计方法学。气候资金的组成较为复杂，既包括公共资金，也包括私营部门资金和其他替代性资金。科学统计通过公共资金动员的资金、区分发达国家和发展中国家动员的私营部门资金、界定资金投入与所支持活动的关系等都是制定方法学过程中需要厘清的问题。三是各机构的协同及与其他问题的配合。根据《巴黎协定》规定，气候资金透明度的推进不仅需要协定特设工作组、公约附属科学技术咨询机构、公约缔约方大会、协定缔约方大会各机构的协同配合，也需要加强与透明度、全球盘点等议题的密切沟通。

3. 其他缔约方在资金问题上的行动

《巴黎协定》为发展中国家展示更为积极的应对气候变化行动留出了空间。根据《巴黎协定》相关条款，其他缔约方在资金问题上可以自愿出资，也可以自愿报告其出资信息。未来的资金问题谈判中将会就发展中国家的上述自愿行为如何与发达国家的履约行为进行区分展开进一步的讨论。此外，如何在《巴黎协定》框架下定义发展中国家之间"南南合作"也是未来需要探索的问题。另外，《巴黎协定》提出的将确保资金流向低温室气体排放和气候韧性发展领域作为实现全球气候治理目标的重要手段，也对发展中国家加强政策环境建设，引导资金流向提出了要求。

4. 资金机制各运营实体对《巴黎协定》的响应

《公约》签署之初 GEF 被确定为资金机制临时运营实体。但在随后的谈判中，

---

① Joint Statement on Tracking Progress Towards the $100 billion Goal by Australia, Belgium, Canada, Demark, Finland, France , Germany, Italy, Japan, Luxembourg, Netherlands, New Zealand, Norway, Poland, Sweden, Switzerland, United Kingdom, United States, and the European Commission (Group of 19 bilateral climate finance providers, 2015).

发展中国家认为其在 GEF 的治理进程中缺乏话语权，应对气候变化关切未能切实落实，且 GEF 资金大多用于支持气候变化减缓领域，于是积极倡导并推动在《公约》和议定书下先后成立了 SCCF、LDCF、适应基金以及 GCF。但由于 SCCF 和 LDCF 的资金来源仅靠发达国家自愿捐资，没有固定增资模式，导致资金来源不稳定且远远不能满足发展中国家应对气候变化的实际需求。特别是在当前全球碳市场持续低迷的情况下，适应基金未来的发展更是引起了发展中国家的普遍担忧。《巴黎协定》及相关决定确定了《公约》资金机制继续服务于协定并接受其指导，但对适应基金并无明确安排，其发展尚待议定书和协定缔约方大会商议确定。同时，为确保《巴黎协定》"资金流向低温室气体排放和气候韧性发展领域"的目标，未来各资金机制运营实体也将以促进绿色低碳和气候韧性发展作为其施政纲领。因此，对各运营实体提供指导，推动其完成《巴黎协定》相关目标是未来资金机制谈判需要解决的问题，具体包括：各运营实体协同配合，利用公共资金促进市场转变；资金在减缓和适应领域平衡分配；简化运营实体项目审批流程；项目规划符合发展中国家战略优先；适应基金发展方向，等等。

三、结束语：展望未来

气候资金问题一直是全球气候治理中的焦点之一。根据公约"共同但有区别的责任"原则，发达国家应该承担起历史责任，提供新的、额外的、可持续的及可预测的资金，帮助发展中国家应对气候变化问题带来的挑战，而发展中国家的履约程度取决于发达国家提供支持的力度。后巴黎时代，确保资金流向低温室气体排放和气候韧性发展领域将作为实现全球气候治理目标的重要手段，各方在气候变化资金国际合作进程中将面临新一轮的博弈。对气候变化公平和历史责任问题的一致理解使得发展中国家能够团结一致，积极敦促发达国家履行公约出资义务，但由于各国资源禀赋和发展重点不同，发展中国家时常面临被发达国家合纵分化的风险。发展中国家想要在全球气候治理进程，特别是在低碳产业革命中赢得更多参与权和话语权，还需要更多的互信与协作。在国际政治经济格局进一步演化的背景下，新兴经济体如何通过气候资金国际合作，争取全球经济向绿色低碳转型过程中于己有利的布局与权益，也需要更大的勇气和智慧。